"十二五"职业教育国家规划教材
经全国职业教育教材审定委员会审定
全国高职高专教育土建类专业教学指导委员会规划推荐教材

（建筑设计技术专业适用）

建筑初步（第二版）

本教材编审委员会组织编写

蔡惠芳　主编

中国建筑工业出版社

图书在版编目（CIP）数据

建筑初步／蔡惠芳主编．—2版．—北京：中国建筑工业出版社，2014.5（2023.2重印）
"十二五"职业教育国家规划教材．经全国职业教育教材审定委员会审定．全国
高职高专教育土建类专业教学指导委员会规划推荐教材．建筑设计技术专业适用
ISBN 978-7-112-16414-1

Ⅰ．①建…　Ⅱ．①蔡…　Ⅲ．①建筑学－高等职业教育－教材　Ⅳ．① TU

中国版本图书馆CIP数据核字（2014）第028214号

建筑初步是建筑设计技术，建筑装饰工程技术，古建筑测绘专业的一门重要的专业基础课。由既互相独立又有内在联系的两大部分组成——建筑基础知识和建筑表现技法。本书共分5个教学单元；教学单元1：职业岗位入门基础知识；教学单元2：建筑施工图与方案图表现技法；教学单元3：建筑设计与表现；教学单元4：建筑空间；教学单元5：训练参考图及作品欣赏。

本书适用于高职院校建筑设计技术、建筑装饰工程技术、古建筑测绘等专业的相关专业的学生、教师，以及业内相关从业人员。

责任编辑：杨　虹　朱首明
责任设计：董建平
责任校对：张　颖　党　蕾

"十二五"职业教育国家规划教材
经全国职业教育教材审定委员会审定
全国高职高专教育土建类专业教学指导委员会规划推荐教材

建筑初步（第二版）
（建筑设计技术专业适用）

本教材编审委员会组织编写
蔡惠芳　主编

*

中国建筑工业出版社出版、发行（北京西郊百万庄）

各地新华书店、建筑书店经销
北京嘉泰利德公司制版
北京中科印刷有限公司印刷

*

开本：787×1092毫米　1/16　印张：13¾　字数：330千字
2015年2月第二版　2023年2月第十次印刷

定价：42.00元
ISBN 978-7-112-16414-1
（25127）

修订版教材编审委员会名单

主　任：季　翔

副主任：马松雯　黄春波

委　员（按姓氏笔画为序）：

王小净　王俊英　冯美宇　刘超英　孙亚峰

李　进　杨青山　陈　华　钟　建　赵肖丹

徐锡权　章斌全

序　言

　　全国高职高专教育土建类专业教学指导委员会建筑类专业指导分委员会是住房和城乡建设部受教育部委托，由住房和城乡建设部聘任和管理的专家机构。其主要工作任务是，研究如何适应建设事业发展的需要设置高等职业教育专业，明确建设类高等职业教育人才的培养标准和规格，构建理论与实践紧密结合的教学内容体系，构筑"校企合作、产学结合"的人才培养模式，为我国建设事业的健康发展提供智力支持。

　　在住房和城乡建设部人事教育司和全国高职高专教育土建类专业教学指导委员会的领导下，自成立以来，全国高职高专教育土建类专业教学指导委员会建筑类专业指导分委员会的工作取得了多项成果，编制了建筑类高职高专教育指导性专业目录；在重点专业的专业定位、人才培养方案、教学内容体系、主干课程内容等方面取得了共识；制定了"建筑装饰技术"等专业的教育标准、人才培养方案、主干课程教学大纲；制定了教材编审原则；启动了建设类高等职业教育建筑类专业人才培养模式的研究工作。

　　全国高职高专教育土建类专业教学指导委员会建筑类专业指导分委员会指导的专业有建筑设计技术、室内设计技术、建筑装饰工程技术、园林工程技术、中国古建筑工程技术、环境艺术设计等6个专业。为了满足上述专业的教学需要，我们在调查研究的基础上制定了这些专业的教育标准和培养方案，根据培养方案认真组织了教学与实践经验较丰富的教授和专家编制了主干课程的教学大纲，然后根据教学大纲编审了本套教材。

　　本套教材是在高等职业教育有关改革精神指导下，以社会需求为导向，以培养实用为主、技能为本的应用型人才为出发点，根据目前各专业毕业生的岗位走向、生源状况等实际情况，由理论知识扎实、实践能力强的双师型教师和专家编写的。因此，本套教材体现了高等职业教育适应性、实用性强的特点，具有内容新、通俗易懂、紧密结合实际、符合高职学生学习规律的特色。我们希望通过这套教材的使用，进一步提高教学质量，更好地为社会培养具有解决工作中实际问题的有用人才打下基础。也为今后推出更多更好的具有高职教育特色的教材探索一条新的路子，使我国的高职教育办的更加规范和有效。

全国高职高专教育土建类专业教学指导委员会建筑类专业指导分委员会

2008 年 5 月

前言（第二版）

本教材自2008年出版以来，已多次印刷。从开始使用到现在已经六年时间，在这段时间中，无论是建筑设计的理念还是建筑设计的表达方法，无不发生了重大变化；特别是迅猛发展的我国高等职业教育，在探索教育模式的道路上取得了阶段性的成果，中国特色的高等职业教育初具规模。顺应这一新的形势，教材做了修订。在修订的过程中突出专业教学重点，反映企业技术要求，课程教学内容、职业岗位技能、企业文化、工作任务要求、任务评价标准有机衔接和贯通，满足教育教学改革的需求。本次修订主要在两个方面，一是部分章节结构的调整，将任务、技法技能、评价标准有机结合；二是范图的增加。

本次修订各单元分工执笔如下：

教学单元1：职业岗位入门基础知识　蔡惠芳

教学单元2：建筑施工图与方案图表现技法　何珊　李卓　蔡惠芳

教学单元3：建筑设计与表现　田立臣

教学单元4：建筑空间　何代新　蔡惠芳　李锐

教学单元5：训练参考图及作品欣赏　何珊　李勇　蔡惠芳　曹茂庆　关志敏

修订本中难免还有问题和不足之处，恳切希望读者对本教材提出宝贵意见，万分感谢。

蔡惠芳

2014.1.8

前言（第一版）

建筑初步课教学肩负着对建筑创作观念、原则、方法的启蒙教育，以及培养学生设计表达能力、创造能力、审美能力等重要任务。它是建筑设计技术专业、城市规划专业、古建筑工程专业的一门非常重要的专业技能课。由既互相独立又有内在联系的两大部分——建筑基础知识和建筑表现技法组成。

本课程的主要教学目标为：（一）知识目标：以建筑基础知识、理论和建筑表现技法为平台，以服务于专业设计为根本宗旨。掌握下列知识和技能：（1）初步了解建筑是什么，建筑是怎样出现和不断发展的，影响和制约建筑的因素。（2）了解建筑设计的一般过程、步骤，建筑设计的规律、技巧与表达。（3）了解、掌握各种绘图工具的特点、使用方法与技巧，掌握建筑画的基本表现技法。（4）对建筑内部空间及外部环境有一定的认识和理解。（二）能力目标：了解并掌握建筑画的各种表现技法。培养学生对建筑的鉴赏能力、审美能力、创造能力及对建筑设计浓厚的兴趣。（三）德育目标：培养学生养成科学严谨的学习作风和工作作风；培养学生独立自主的创新精神及团队协作的工作方法，为专业设计奠定基础，也为学生未来的可持续发展奠定专业基础。

本书的主要内容包括：建筑概述，加强学生对建筑基本知识的认识和了解。建筑表现技法，了解建筑制图的基本知识及各种建筑表现的方法，增强建筑的表现能力。建筑设计的表现，从建筑设计的基本特点、规律、方法、步骤和技巧、表达方法入手，初步掌握建筑设计的基本手法。建筑空间，了解建筑内部空间的基本概念与基本设计方法，了解建筑外部环境设计的基本知识及在建筑设计中的重要作用。

本书针对高等职业教育及项目教学特点，在教材的最后一部分安排了项目训练。项目训练与基础理论教学相适应，训练的内容由浅入深、由简单到复杂，侧重于表现能力、创造能力的培养。

本书由黑龙江建筑职业技术学院蔡惠芳教授主编，黑龙江建筑职业技术学院田立臣老师副主编，徐州建筑职业技术学院季翔教授主审，具体章节编写分工如下：

第1章：第1节至第3节：蔡惠芳

第2章：第1节：蔡惠芳

第2节、第3节：何珊

第4节：张鸿勋

第5节：李卓

第6节、第7节：张鸿勋

第8节：蔡惠芳

第 3 章：第 1 节至第 6 节：田立臣

第 4 章：第 1 节、第 2 节：何代新

第 3 节、第 4 节：李锐

第 5 章：第 1 节、第 2 节：蔡惠芳

在本书的图例选取中，李庆江、黄显亮、曹金刚、吴东、刘万昱、刘殿阁和尹艳丽同志给予了大力支持和帮助，在此表示衷心感谢。更应感谢的是黑龙江建筑职业技术学院张宏勋老师，他对本书选取的图例及对图例的加工整理，使本书增色不少。

为说明问题和向学生展示优秀的建筑表现图作品，书中引用的图例有几张是从其他著作中选取的，在此表示衷心感谢。

在本书的形成过程中，要特别感谢黑龙江建筑职业技术学院图书馆程梅馆长，为本书提供了大量的文献资料。

本书在策划和编写过程中，曾得到内蒙古建筑职业技术学院、徐州建筑职业技术学院以及有关院校的大力支持。在编写过程中，还得到我院裴杭、马松雯等同志的帮助和指导，在此一并表示衷心的感谢。

因作者水平有限，时间短，书中的疏漏及不当之处在所难免，敬请各位读者批评指正。

编者

目　　录

1

教学单元 1　职业岗位入门基础知识

教学目标

在建筑设计中设计思想、意图和设计表达是同等重要的两个方面，这两个方面又是不可分割的有机组成部分。在培养建筑表现技能的同时培养设计思想和理念可以起到事半功倍的双重效果。

通过本单元为学生打开认识建筑的窗口，从宏观上了解建筑是什么，建筑与科学技术、艺术发展的关系等等，使建筑表现图技法的学习目的更加明确，有效增强学习的自觉性和内驱力，甚至为学生从事建筑行业的工作，进而成为终身职业奠定良好基础。

建筑是人们通过一定的物质技术手段创造的，具有一定物质功能和精神功能的空间，是人们最熟悉的客观实在。这种空间既包括：学校、住宅、办公楼、商场、宾馆、车站、码头、候机楼、体育场等建筑物所提供的内部空间，也包括：广场、纪念碑、陵墓等构筑物所创造的外部空间。建筑是一种物质性的创造，是一种人为空间，它不是从来就有的，是人类社会发展到一定阶段上才出现的。建筑伴随着人类社会的发展而发展，人类社会的进步而进步。在建筑遗迹中，淋漓尽致地反映出建筑建造时期的社会生产力水平、科技发展状况、风俗习惯、人们的思想观念、审美情趣、地域特征等等。

1.1 认识建筑

1.1.1 建筑的历史发展及其范围

建筑是人类在长期历史发展过程中创造的文明成果之一。原始社会是人类社会发展的第一个阶段，生产力水平极其低下，为躲避风雨及野兽的侵袭，人们或栖居于树上或住在天然的洞穴里，据推测巢居和穴居是人类最早的居住形式之一。随着生产力水平的提高，逐渐出现了人工的穴居、树枝帐篷、石屋及简陋的地面居所，人类为自己创造了生存空间（图1-1～图1-4）。建筑的特点为：规模小，功能单一。

图1-1 树枝棚

图1-2 蜂巢形石屋

图1-3 穴居

图1-4 巢居

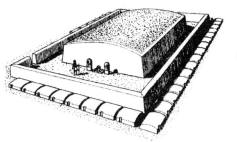

图1-5 古代埃及台形贵族墓

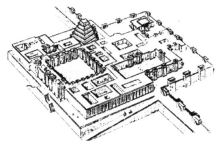

图1-6 西亚 萨艮王宫全景

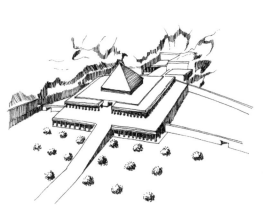

图1-7 古代埃及曼都赫特普三世墓

图1-8 克诺索斯 米诺王宫局部

　　随着生产力水平的提高及人类社会的进步，大规模的建筑活动在奴隶社会出现了，如供奴隶主生前享用的宫殿、府邸、庄园、神庙；死后居住的陵墓。其规模宏大，极尽奢华（图1-5～图1-8）。

　　随着社会的发展，建筑类型越来越丰富。出现了满足生产需要的空间：作坊、工场、现代化的大工厂；满足产品交换的店铺、钱庄、百货商店、商场、贸易中心、金融中心、交易机构；文化教育的发展，出现了私塾、学堂、学校、科研机构；交通运输业的发展，出现了驿站、码头、车站、机场；体育事业的发展，出现了角斗场、各种现代化的体育场馆等。人类建筑的类型日益丰富，涉及人们生活的方方面面（图1-9～图1-14）。

　　一个建筑物可以包含有各种不同功能的内部空间，例如：在宾馆建筑中有大堂、餐厅、客房等（图1-15～图1-17）。住宅建筑中有起居室、餐厅、厨房、卧室等等（图1-18）。学校建筑中有教室、办公室和会议室等（图1-19、图1-20）。同时，每一个单体建筑又被包围在周围的环境之中。建筑以各种不同的内部的、外部的空间，满足着人们工作、学习、休息、娱乐等多种对空间的需求。

图 1-9　柏林 爱乐音乐厅　　　　图 1-10　巴黎国立图书馆

图 1-11　联合国大厦　　　　图 1-12　英国国会大厦

图 1-13　纽约 古根海姆美术馆　　　　图 1-14　美国国会大厦

图 1-15 宾馆大堂（左）
图 1-16 客房（右）

图 1-17 宾馆餐厅（左）
图 1-18 起居室（右）

图 1-19 会议室（左）
图 1-20 办公室（右）

　　每一个建筑都不是孤立存在的，又与其他建筑及街道、广场等组成村落、城市。城市建设也属于建筑范围（图 1-21）。

　　建筑的范围很广阔，像纪念碑、陵墓等构筑物也属于建筑的范畴（图 1-22、图 1-23）。

图 1-21　城市　　　　图 1-22　罗马 伊曼纽尔纪念碑　　　图 1-23　埃及 拉美西斯陵墓

1.1.2 建筑是社会发展的里程碑

建筑作为人类最早的生产活动之一，它与人们的生活息息相关，与社会的发展密不可分。它反映着人们的生活方式、自然环境、社会发展的主题，而且也反映着人们的思想意识。

古埃及是人类文明的摇篮之一。在建筑方面给后人留下了大量宝贵遗产，其金字塔的建造令世人称绝。金字塔是古埃及劳动人民智慧和血汗的结晶，其中最具代表性的是吉萨金字塔群，由胡夫的陵墓、哈夫拉的陵墓、孟卡拉的陵墓、大斯芬克斯和一些小金字塔组成（图1-24、图1-25）。其中最大的胡夫金字塔，原高146.4m，现高137m，底边长230.6m，占地5.3hm²。用230余万块平均重约2.5t的石块，干砌而成。四角正对方位，建造于公元前2680～2565年之间，在距今4500多年前完成这么宏伟的工程是有着深刻的社会和思想根源的。

图1-24 埃及 吉萨金字塔群（左）

图1-25 埃及 大斯芬克斯（右）

自然环境：位于尼罗河三角洲的西岸，面对着广袤无垠的沙漠。

建筑功能：陵墓，存放尸体的地方，供后人凭吊、纪念的地方。

思想意识：古埃及人有灵魂不死的观念。他们相信，人死后灵魂是不死的，只要保护好尸体，三千年后可以复活。因此古埃及人特别重视陵墓的建造。

宗教信仰：原始拜物教。古埃及的古王国时期，生产力水平极其低下，人们对自然的认识有限，对所处的周围环境充满了无限的敬畏和崇拜，认为自然是伟大的，并把精神寄托于宏大的自然物上，高山、大漠、长河、日月星辰等。

社会形态：古埃及处于奴隶制社会，国王为维护其政治统治，利用原始拜物教，把自己打扮成神的化身，把自然物的特征：单纯、宏大运用到陵墓的建筑上。

审美情趣：与自然环境浑然一体。在以蓝天、红日、黄沙为大背景的尼罗河三角洲上，金字塔以其稳定、单纯、宏大的体魄，融入自然之中，给人浑然天成的感觉，而非人造之物。

欧洲的建筑以其技术与艺术的完美结合而引领世界建筑潮流。古希腊是欧洲文明的摇篮，在建筑史上占有重要地位。以梁柱为主要结构体系的古希腊建筑亲切明快，反映了奴隶制城邦国家民主、开朗的社会生活。建筑艺术以端庄、典雅、均匀、秀美、亲切、人性化而见长。公元前449年～公元前402年修建的雅典卫城，是这一时期最有代表性的作品，是人类建筑史上的瑰宝（图1-26～图1-28）。

图1-26 雅典卫城

图1-27 雅典卫城
帕提农神庙
（左）
图1-28 雅典卫城
伊瑞克提翁
神庙（右）

　　古罗马建筑在继承古希腊建筑成就的基础上，在建筑形制、结构、技术，建筑艺术等方面都有所创新。建筑结构上创造并发展了辉煌的拱券技术；建筑艺术上继承并发展了古希腊的柱式。古罗马的建筑规模宏大、气势雄伟，充分反映罗马奴隶主穷兵黩武、骄奢淫逸的腐朽生活。当时的罗马城被称为石头之城、不朽之城，宫殿、浴场、府邸、广场、大角斗场、神庙无不豪华壮丽（图1-29～图1-32）。
　　欧洲中世纪经历了近千年的封建分裂状态，这时主要的意识形态上层建筑是基督教。基督教建筑是这一时期建筑成就的最高代表。

图1-29 罗马 万神庙
（左）
图1-30 罗马 广场建
筑（右）

　　拜占庭建筑继承和发展了古希腊、罗马建筑中的某些要素，同时吸取了波斯及两河流域等地的建筑经验，形成了独特的建筑结构与建筑艺术体系。建于532～537年的圣索菲亚教堂（图1-33、图1-34）集中地反映了拜占庭建筑的成就。

图1-31　罗马　大角斗场（左）
图1-32　罗马　剧场（右）

　　哥特建筑是中世纪最后的一组建筑，它克服了此前建筑结构的限制，继承发展了拱券结构，形成了扶壁、飞券、肋架拱一整套新的结构体系。建筑形象上采用尖拱、尖券、尖塔，建筑中强调垂直线条，创造了强烈的向上拔起、升腾、飞升的感觉；彩色玻璃窗，瘦骨嶙峋的集束柱、肋架拱创造了强烈的宗教气氛。哥特建筑是建筑结构、技术、建筑艺术的完美结合，也是与基督教教义完美结合的杰作。巴黎圣母院集中地反映了哥特建筑的特征（图1-35、图1-36）。

　　文艺复兴、巴洛克、古典主义、洛可可，是15～19世纪先后时而并行地流行在欧洲各国的建筑风格。源于意大利的文艺复兴运动，反对神权，主张人权，追求自由，追求个性解放，重视科学理性。建筑上最明显的特征是扬弃中世纪的哥特建筑风格，在宗教和世俗建筑上重新采用古希腊、古罗马时期的建筑符号、语言、样式、构图要素。这一时期人才辈出，群星璀璨，早期的伯

图1-33　拜占庭　圣索菲亚大教堂（左）
图1-34　拜占庭　圣索菲亚大教堂内部（右）

图1-35 巴黎 圣母院
（左）

图1-36 哥特教堂内
部（右）

鲁涅列斯基、伯拉孟特，中期的米开朗琪罗，后期的帕拉第奥、维尼奥拉等大师，设计并主持建造了大量的经典之作，建筑中反映了他们精湛的建筑技艺和建筑艺术水平。佛罗伦萨主教堂穹窿（图1-37）的建造仅仅是一个开端，这一时期最有代表性的建筑是圣彼得大教堂（图1-38、图1-39）的建设。

图1-38 罗马 圣彼得
大教堂

图1-37 佛罗伦萨主教堂

图1-39 罗马 圣彼得大教堂立面

法国古典主义是由法国国王倡导的，建筑中崇尚古典柱式构图，强调秩序与理性、中轴对称、主从关系、规则的几何形体等。古典主义建筑的外形端庄、雄伟，内部奢侈、豪华。代表作品是国王的宫殿（图1—40～图1—43）。

　　文艺复兴时期由于追求新奇、自由奔放的艺术效果，崇尚富丽堂皇的装饰而出现了巴洛克建筑（图1—44、图1—45）和洛可可风格（图1—46、图1—47）。

　　18世纪后半叶，工业革命开始之后，促进了建筑的发展。城市迅猛发展，建筑商品化，对建筑类型的要求日益增多，对建筑的功能要求也日益复杂。充分利用先进的科学技术、结构技术、施工技术、新型的建筑材料，探求新的建筑形式、形象及建筑艺术成为近代建筑发展的主流。探求新建筑的作品：伦敦的水晶宫（图1—48、图1—49）和巴黎的埃菲尔铁塔（图1—50）是最有代表性的。

　　19世纪后半叶，钢筋混凝土在建筑上的应用，为建筑的革命准备了充分的物质技术条件。20世纪初应运而生的现代主义建筑和流派，在总结前人建筑革新实践的基础上，提出了系统、彻底的建筑新主张。德国建筑大师格罗皮乌斯（图1—51、图1—52）、密斯·凡·德·罗（图1—53、图1—54）、法国建筑师勒·柯布西耶（图1—55～图1—57）和美国建筑师赖特（图1—58、图1—59），

图1—40　法国　卢佛尔宫东廊

图1—41　法国　凡尔赛宫大理石院（左）

图1—42　法国　凡尔赛宫（右）

图1-43 法国 凡尔赛
宫镜廊
（上左）

图1-44 耶稣会教堂
（上中）

图1-45 特列维喷泉
（上右）

图1-46 洛可可室内
风格（1）（左）

图1-47 洛可可室内
风格（2）（右）

图1-48 伦敦 水晶宫

图 1-49 伦敦 水晶宫
内景（左）
图 1-50 巴黎 埃菲尔
铁塔（右）

图 1-51 （格罗皮乌
斯）法古斯
鞋楦厂（左）
图 1-52 （格罗皮乌
斯）包豪斯
局部（右）

图 1-53 （密斯·凡·德·罗）
范斯沃斯住宅

都是现代建筑思潮的主将和杰出代表，他们的建筑主张、建筑理论和建筑作品对现代建筑的发展产生了巨大的影响。

图1-54 （密斯·凡·德·罗）
西格拉姆大厦

图1-55 （勒·柯布西耶）
马赛公寓

图1-56 （勒·柯布西
耶）萨伏伊
别墅

图1-57 （勒·柯布西
耶）朗香教
堂（左）

图1-58 （赖特）流水
别墅（右）

现代建筑从理论和实践上把建筑的使用功能
作为建筑创作的出发点，强调建筑形式与建筑功
能的统一性；应用现代科学技术，提高建筑设计
的科学性；注意充分发挥现代建筑材料和建筑结
构的特点，反对不合理的外加的建筑装饰，强调
建筑艺术处理的合理性和逻辑性，突出艺术和技
术的高度统一；将建筑艺术处理的重点放在空间
组合和建筑环境的创造上；重视建筑的社会性质，
强调建筑同公众生活的密切关系，重视建筑的经济性。

图 1-59 （赖特）
罗比住宅

20 世纪 50 年代开始，在建筑风格上出现了创作多元化趋势。提出建筑创
作上既要继承传统又要有所创新，可以超越功能与技术进行设计，吸收一些历
史上的建筑式样、手法，一定程度地反映建筑的地方特色。在 60 年代之后，
出现了讲究建筑的象征性、隐喻性、装饰性以及与环境结合的后现代主义建筑
思潮。

进入 21 世纪，提出了建筑的环保、绿色、节能等概念，建筑的建造与自
然的均衡发展紧密联系。

回顾人类建筑发展的历史，就是人类的文明史、文化发展的历史、思想
观念发展的历史、科学技术发展的历史。建筑伴随着人类的进步而不断的向前
发展。

1.2 建筑与艺术

1.2.1 建筑创作是艺术创造

建筑活动是人类物质性的创造活动，任何建筑都有其一定的功能，从不
同的方面来满足人们的物质或精神需求。同时建筑又是一种艺术创作，古典艺
术家将建筑、绘画、雕塑合称为三大空间艺术，建筑被列在了首位。它同其他
的艺术形式，如：音乐、戏剧、文学、电影等一样有着相同的特征，有个性鲜
明的艺术形象，有着强烈的艺术感染力，有不容忽视的审美价值，有民族的、
时代的风格流派，有按规律进行的创作方法、原则。那么，什么是建筑创作的
表现方法和原则呢？首先，建筑有可供使用的空间，这种空间会给人不同的心
理感受，高敞的、低矮的、开朗的还是压抑的等等；其次，围合空间的实体部
分，一个点、一条线、一个面，无不反映出一定的艺术成分及风格倾向、社会
意识及人们的审美情趣。古典建筑侧重于实体的创造，而现代建筑更偏重于空
间的创造；再次，建筑通过各种材料，利用一定的技术手段，表现出它不同的
色彩和质感；第四，光线和阴影能够加强建筑形体的起伏、凹凸的感觉，从而
增添建筑的艺术表现力。

古今中外的匠师们，巧妙地运用了建筑的表现手法，创造了具有强烈艺
术感染力的作品（图 1-60 ~ 图 1-62）。

图 1-60 威尼斯总督府
建于1309~1424年，是欧洲中世纪
最美丽的建筑之一。

图 1-61 特吉巴欧国际会议中心
1995~1998年，建在西南太平洋新
喀里多尼亚首府的努美阿市的半岛
上。建筑师伦佐·皮亚诺。它向世
人展示了建筑的语言是如何将一种
地方的自然和人文景观编织得如画
一般，文化中心成为表达地方精神
的精髓和联系历史与现代、地方与
世界的桥梁。

图 1-62 夏特尔主教堂
建于12世纪中叶，是哥特式教堂的
代表。

1.2.2　建筑艺术的审美及规律

在人类的审美活动中，同时存在着"对立和统一"两种相互矛盾的审美追求，对立和统一缺一不可，相辅相成。对立也即区别、不同和变化，对立会引起兴奋，具有刺激性，对区别、不同、变化的欣赏反映了人们对运动、发展的需要。统一性具有平衡、稳定和自在之感，对统一的欣赏，反映了人们对舒适、宁静的需要。由于对立统一规律是事物发展的根本规律，反映了生命的存在和发展的形态，因而很容易与人类的审美感觉取得共鸣。对立统一规律也是建筑审美的基本规律和准则。建筑创作中的整体与局部，对比与和谐，比例与尺度，对称与均衡，节奏与韵律等关系的处理不过是对立统一规律在某一方面的体现，如果孤立地看，它们都不能当作建筑审美的规律来对待。

对立统一，即在对立中求统一，在统一中求区别、变化。建筑是由若干个不同的部分组成的，这些部分之间既有区别又有内在的联系，需要把这些部分组织起来形成一个有机的整体。建筑各部分的区别，可以看出多样性和变化，各部分的联系和一致性可看出建筑的和谐、统一和秩序。有变化，有秩序，这是建筑设计必须遵循的艺术法则。反之，一个建筑作品缺乏多样性与变化，则必然流于死板、单调；如果缺乏和谐与秩序，则势必显得杂乱，没有章法。

建筑的整体与局部主要是指建筑的整体和建筑局部之间，局部与局部之间存在有大小、高矮、宽窄、厚薄、深浅的比较关系（图1-63），要使这些关系既对比又和谐，就要对各种可能性反复推敲、比较，力求做到高矮匀称，宽窄适宜。

建筑中对比与和谐主要是强调对比的双方，针对某一共同的方面或要素进行的比较。在建筑形象中方和圆的对比；建筑材料中粗糙与细腻的对比；建

图1-63　建筑的整体与局部的关系
美国国家美术馆东馆（左）和斯坦纳住宅（右）都很好地处理了整体和局部的关系。

筑线条上直线与曲线、水平与垂直的对比等（图1-64）。在建筑设计中运用对比与和谐的关系，使建筑的形象既丰富多彩，重点突出，又秩序井然。

建筑的比例与尺度是指建筑与人体之间、建筑各部分之间形成的大小比例关系。建筑中的一些构件是人们非常熟悉的，因而，在建筑设计中就应该使它的实际大小与在人们印象中的大小相符合，如果忽视了这一点，就会使人产生错觉，将实际大的看成小的（图1-65），或反之。良好的比例与适宜的尺度是设计师应该注意的设计基本原则之一。

建筑的对称与均衡是指建筑的前后左右各部分之间的关系。建筑的明暗、色彩等方面要安定、平衡和完整。最简单的均衡就是对称，在这种均衡中，建筑两边是相同的（图1-66）。

建筑艺术的审美及规律是人们长期建筑实践的结晶，它对建筑艺术创作有重要的理论意义，有助于我们自觉地对建筑美观问题进行研究和探讨。

图1-64 建筑的对比、和谐
Casa Rotonda住宅是由建筑师马里奥·博塔设计的。立面造型中运用直与曲对比手法，使简单的形体变得丰富。

图1-65 建筑的比例与尺度
（北京故宫-太和门）
台阶和栏杆的尺度使人们感受到建筑的宏大体量。

图1-66 建筑的对称与均衡
（北京故宫-太和殿）

1.2.3　建筑艺术富含理性的成分

建筑创造是一种艺术创作，但建筑艺术创造有别于其他艺术创造，要受到环境、社会、意识、功能、技术等方面的制约，因而，它又是科学、理性、严谨的。

建筑艺术创造不是设计师主观意志的宣泄，在表达创作思想的同时，还要受到来自于自然环境的约束，来自社会意识方面的思想观念、宗教观念、信仰、风俗、人们的审美情趣等的约束，来自社会发展状况的建筑材料、结构技术、施工技术、劳动力技术水平、经济状况等方面的约束。有时建筑的材料、建筑设备、建筑的结构形式、建筑的功能也能成为建筑艺术表达的核心内容(图1-67～图1-69)。

概括地看，建筑是人类在长期的历史发展过程中创造的文明成果之一，它既是物质的创造，又是精神的创造。建筑中反映了鲜明的时代特色，建筑艺术的发展是与时俱进的，脱离开社会发展的具体情况的影响，脱离开功能、技术、环境的特定要求，纯粹的建筑艺术是不存在的。

1.3　建筑与技术

1.3.1　建筑发展中材料与技术的作用

建筑是人类物质性的创造活动，是精神性的艺术创造活动，同时又是理性的、科学严谨的技术应用活动。建筑与技术主要是指建筑用

图1-67　法国蓬皮杜国家艺术与文化中心
由建筑师皮亚诺和罗杰斯设计，建成于1976年。建筑暴露结构及设备，强烈的色彩，充分展示了工业技术的最新成果。

图1-68　红屋
建于1858～1860年，是莫里斯的住宅，是工艺美术运动的代表作品。建筑立面根据功能需要设计，窗子形状、大小不同，屋顶高低错落，极为生动。采用当地产的红色砖瓦，不加粉饰，尽量表现材料的本色美。

图1-69　东京代代木大、小体育馆
1964年建造，建筑师丹下健三，是结构技术与造型艺术的完美结合。

什么建造和怎样建造。包括建筑材料、建筑结构、施工技术等诸多方面。

（1）建筑材料

任何一座建筑的建成，都要耗费大量的人力和物力，"大兴土木"毫不夸张地反映了建筑建造过程中对建筑材料的使用、消耗情况。因而一定数量、质量的建筑材料是建筑由蓝图到现实必不可少的物质条件之一。建筑材料可分为天然材料和人工材料两大类，天然材料中，土、草、石材、木材是人类较早用于建筑的材料；人工材料中，铁、玻璃、钢筋、水泥、塑料等材料的发明、应用都具有开创性的意义，每一种新型材料的发现、创造、应用都推动了建筑的发展。

（2）建筑结构

建筑结构是建筑的骨架，它为建筑提供适用空间创造了可能和条件。建筑结构要承受建筑的全部荷载及抵抗由自然现象可能对建筑引起的破坏。建筑结构的坚固程度直接影响着建筑物的使用安全和使用年限。人类采用最早的结构形式是梁板结构、拱券结构（图1-70~图1-72），当时，因受到建筑材料的限制，建筑的跨度、高度都是有限的。钢筋混凝土结构是现代广泛应用的建筑结构形式，无论在建筑的跨度上，还是建筑的高度上都有所突破。随着科学技术的发展进步出现了网架、悬索、充气等多种多样的新型结构形式（图1-73、图1-74），为建筑取得灵活多样的空间形式提供了物质技术条件。

1.3.2 材料与技术对建筑发展的影响与制约

建筑的建造要受到诸多方面因素的影响和限制，如：建筑的功能、建筑的艺术形式、建筑的材料、建筑的结构形式、社会的思想意识、建筑所处的环境等。抛开其他的制约因素，在这里主要探讨一下建筑材料和技术对建筑发展

图1-70 希腊的赫拉
　　　　二世神庙（波
　　　　塞冬神庙）
　　　　（左上）

图1-71 古罗马角斗
　　　　场 环廊（右）

图1-72 古罗马输水
　　　　道（左下）

图 1-73 沙里宁设计
的杜勒斯国
际机场航站
楼（左）

图 1-74 蒙特利尔世
博会美国馆
（右）

的制约和限制。

在人类社会发展的早期，人类活动的范围很小，对自然的改造能力极其有限，建筑中使用的材料都是天然的，就地取材，因地制宜，建筑结构是较简单的梁柱板结构，建筑的规模小、形式简单。奴隶社会发展起的拱券技术及建筑材料混凝土的使用，使建筑无论在高度上还是在跨度上都有所突破，出现了以罗马万神庙为代表的，有大跨度、集中统一空间的建筑（图 1-75）。这时，建筑规模宏大，建筑技术精湛。近现代的特点是：发展速度快、知识更新换代周期缩短。随着人类社会的进步，新型材料和新技术不断地被应用到建筑当中，在人类的建筑实践中，限制建筑发展的技术难题一个个被突破。如我国的奥运场馆之一的水上运动中心（图 1-76），建造进程中遇到了膜结构的技术问题，经过技术人员的研究和实践，顺利地解决了这个问题，实现了建筑技术的创新。今天的建筑是在出现问题，解决问题，再出现问题，再解决问题中不断进步的。人类建造通天塔的设想一定会由梦想变为现实。

图 1-75 古罗马万神
庙内部空间
（左）

图 1-76 北京奥运场馆
之一的水上运
动中心（水立
方）（右）

复习思考题

1. 什么是建筑?
2. 建筑的范围如何?
3. 为什么说建筑是社会发展的里程碑?
4. 为什么说建筑创作是艺术的创作?
5. 建筑技术对建筑发展的影响和制约。

2

教学单元2　建筑施工图与方案图

表现技法

教学目标

通过课程学习使学生全面掌握手绘表达的基本知识、方法；能独立地完成建筑设计方案的表达任务。

知识目标：

(1) 掌握建筑工具图表达技法；

(2) 熟练掌握建筑钢笔画的绘制技法；

(3) 掌握彩色铅笔建筑画的绘制技法；

(4) 掌握马克笔建筑画的绘制技法；

(5) 掌握水彩渲染建筑画的绘制技法；

(6) 掌握建筑模型的制作技法；

(7) 掌握建筑测绘的方法；

(8) 掌握小建筑设计与表达方法。

职业能力目标：

(1) 会绘制各种建筑表现图，具有熟练的徒手及工具绘图表现能力；

(2) 会制作建筑设计方案模型；

(3) 会建筑测绘；

(4) 会做小建筑设计。

社会能力和方法能力目标：

(1) 培养学生树立正确的艺术观和专业思想；

(2) 培养严谨的工作态度和团结协作的精神；

(3) 培养学生爱岗敬业的工作态度，能够遵纪守法，自觉遵守职业道德和行业规范；

(4) 以职业岗位能力培养为主线，同时更加重视学生的独立工作能力、策划能力、表达能力、方法能力、社会能力、团队精神、合作意识的培养。

通过一定的方法、手段表达设计意图和思想是设计师必须具备的素质和修养。表达设计意图的手段很多，如：语言、文字、图纸、模型等。其中，图纸是建筑设计必不可少的重要内容。在建筑设计过程中除正式的施工图外，还需要绘制各种具有艺术表现力的图纸，以便更生动、形象地说明设计意图。这些图纸的绘制方法很多，如：工具线条图、钢笔建筑画、水彩建筑画、马克笔建筑画等（图 2-1～图 2-4）。本章主要介绍这些技法的基础知识。

2.1 建筑工具制图

2.1.1 识别与使用绘图工具训练任务

识别与使用绘图工具训练任务有两个，一是绘制工具线条图一张，二是抄绘小建筑图一套。

图 2-1 钢笔建筑画

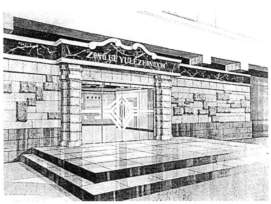

图 2-2 水彩建筑画

图 2-3 彩色铅笔建筑画

图 2-4 马克笔建筑画

任务一：绘制工具线条图

(1) 识别与使用绘图工具训练目的

1) 掌握制图工具的特点及使用方法。

2) 掌握工具线条的特点、绘制方法、要领。

3) 结合对工具线条绘制技巧的掌握，达到训练审美能力、构图能力的目的。

(2) 识别与使用绘图工具训练内容要求

1) 工具线条练习内容：

①直线：水平线、垂直线、斜线，排线。

②曲线：圆周、圆弧。

③线条连接：直线连接、直线和曲线连接、曲线和曲线连接。

2) 版面设计：

①将上述训练内容经过版面设计，组织在图面上（可以起铅笔稿）

②不同区域按版面设计的不同内容，按先后顺序认真完成。

3) 纸张与线条要求：制图纸、墨线。

(3) 图纸规格：360mm × 500mm

(4) 识别与使用绘图工具训练时间：8 学时（课后 16 学时）

任务二：抄绘小建筑图

（1）训练目的

1）掌握工程制图的基本知识及国家制图标准。

2）掌握建筑平、立、剖面视图的概念。

3）训练空间想象力。

4）培养整体构图的意识。

（2）基本要求

1）抄绘训练内容：

①建筑平面图；②建筑立面图；③建筑剖面图。

2）版面设计：

①将上述训练内容经过版面设计，组织在图面上。

②标题字醒目、美观。

3）图纸及线条要求：制图纸，上墨线。

（3）训练方法步骤

1）将420mm×594mm的制图纸（留出固定图纸的宽度）裁好，固定在图板上。

2）画对中线。使用铅笔打出对中线、画出图标。

3）确定图样在图纸上的位置。根据所绘图样的尺度和比例，用铅笔将图样的外轮廓定位轴线画在图纸上。

4）画定位轴线。用铅笔画出水平轴线、垂直轴线，再画其他轴线。

5）画墙体、分门窗、画建筑细部。

6）根据铅笔底稿，上墨线。

7）尺寸标注、文字标注、图名等，完成全图。

（4）图纸规格：420mm×594mm

（5）训练时间：4学时（课后16学时）参考图附后

2.1.2　建筑工具制图的概念

建筑工具制图是利用一定的绘图工具，严格按照国家建筑制图标准，按一定的比例，用工程图示语言表达设计内容的方法。

正确地掌握、理解建筑制图的概念和技法，需要做到：

1）认识绘图工具和材料，做到正确使用和保养。

2）建筑工具图是图示语言，一方面表达设计师的设计意图，另一方面是与他人交流的手段，因此建筑工具图起着表达设计师意图、思想，准确传递有关建筑信息的作用。

3）建筑工具图表达的内容是客观的建筑实体，表达的方式是建筑总平面图、各层平面图、立面图、剖面图、详图、透视效果图等。

4）建筑工具制图必须严格按照国家建筑制图标准要求进行。要求做到简洁、规范、共用。

2.1.3 建筑制图工具

建筑制图工具、材料根据功能、用途不同，可以大致分为板、尺、笔、纸等几大类，主要的制图工具，如图2-5所示。

(1) 图板

图板是固定图纸的工具。图板一般为矩形，有0号、1号和2号等不同型号，根据图纸的大小选用不同的型号。使用中注意对图板表面及工作边的保护。

(2) 一字尺、丁字尺和三角板 (图2-6、图2-7)

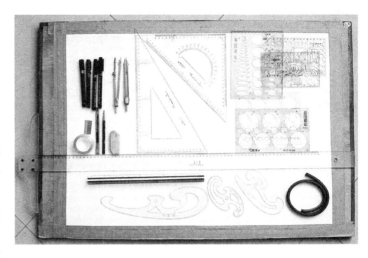

图2-5 常用制图工具

一字尺和丁字尺是用于画水平方向直线的工具，三角板有30°、60°和45°之分，与一字尺或丁字尺配合可画出垂直线和相应的斜线。丁字尺使用时

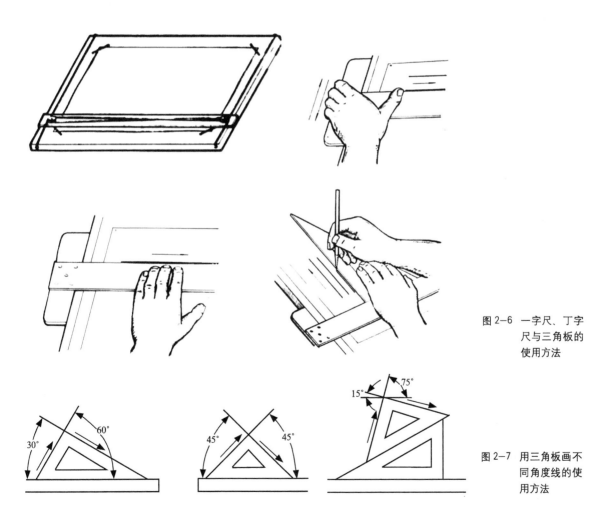

图2-6 一字尺、丁字尺与三角板的使用方法

图2-7 用三角板画不同角度线的使用方法

要紧靠图板的左侧，上下移动。三角板与一字尺或丁字尺配合使用时，要紧贴工作边。使用前注意清洁工具，使用中注意保护工作边。

一字尺使用时，可以上下移动画出水平线。

丁字尺画线时，左手握住尺头，贴紧图板左边，然后上下推动，对准要画线的地方，从左向右画出水平线。

三角板与一字尺或丁字尺配合画出垂直线。

(3) 圆规和分规 (图2-8)

圆规是用来画圆和圆弧的工具，画线的脚既可以使用铅笔，也可以使用墨线笔。分规是等分线段的工具。

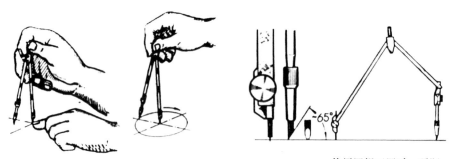

使用圆规画圆时，要顺时针方向，一笔画完。

分规可以画出一系列相等的长度，也可以等分线段。

图2-8 常用制图工具中的圆规和分规

(4) 铅笔和针管笔

铅笔和针管笔是用来画图线的工具。铅笔有软硬之分,常用的:2H、H、HB、B、2B。针管笔有一次性针管笔和普通针管笔,常用的有:0.3、0.6、0.9、0.2、0.4、0.6等。使用针管笔时注意对笔尖的保护。

(5) 比例尺

比例尺是进行比例换算的工具。有三棱柱状和平板两种。建筑常用的比例尺刻度有六种：1：100、1：200、1：300、1：400、1：500、1：600。

(6) 其他工具

模板、曲线尺、曲线板、橡皮和擦图片等。

2.1.4 建筑工具制图图线和画线要领

(1) 建筑工具制图图线

建筑工具制图要求线条粗细均匀、光滑整洁、交接清楚。严格的线条绘制是准确表达设计意图的前提。在图纸上不同粗细、不同类型的线型代表不同的意义。

根据表达内容，建筑工具制图的图线应符合表 2-1 规定。

图　　线　　　　　　　　　　　　　　　　　　表2-1

名称	线型	线宽	用途
粗实线		b	1. 平、剖面图中被剖切的主要建筑构造的轮廓线； 2. 建筑立面图或室内立面图的外轮廓线； 3. 建筑构造详图中被剖切的主要部分的轮廓线； 4. 建筑构配件详图中的外轮廓线； 5. 平、立、剖面图的剖切符号
中实线		$0.5b$	1. 平、剖面图中被剖切的次要建筑构造的轮廓线； 2. 建筑平、立、剖面图中建筑构配件的轮廓线； 3. 建筑构造详图及建筑构配件详图中的一般轮廓线
细实线		$0.25b$	小于0.5b的图形线、尺寸线、尺寸界线、图例线、索引符号、标高符号、详图材料做法引出线等
中虚线		$0.5b$	1. 建筑构造详图及建筑构配件不可见的轮廓线； 2. 拟扩建的建筑轮廓线
细虚线		$0.25b$	图例线、小于0.5b的不可见轮廓线
细单点长划线		$0.25b$	中心线、对称线、定位轴线
折断线		$0.25b$	不须画全的断开界线
波浪线		$0.25b$	1. 不须画全的断开界线； 2. 构造层次的断开界线

b 为图线的宽度，可根据图样的复杂程度和比例选用，参照表 2-2。

线宽组（mm）　　　　　　　　　　　　　　　　表2-2

线宽比	线宽组			
b	1.4	1.0	0.7	0.5
$0.7b$	1.0	0.7	0.5	0.35
$0.5b$	0.7	0.5	0.35	0.25
$0.25b$	0.35	0.25	0.18	0.13

(2) 建筑工具制图画线要领（图 2-9）

1) 铅笔线条

铅笔线条是一切建筑画的基础，用于方案草图和底稿。铅笔线条要求画面整洁、线条光滑、粗细均匀、交接清楚。

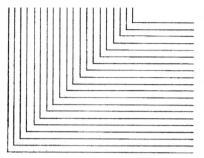

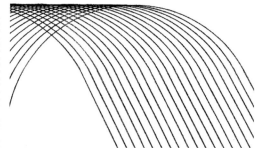

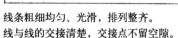

图 2-9 画图线的基本
要求

线条粗细均匀、光滑，排列整齐。　　　线条分布均匀，直线与曲线连接不留痕迹。
线与线的交接清楚，交接点不留空隙。

2）墨线线条

画线时：①笔尖正中要对准所画线条，并与尺边保持一定距离；②运笔时注意笔杆的角度；③运笔速度要均匀。

画线顺序：①先画细线，后画粗线；②先上后下，先左后右，依次完成；③先曲后直，用直线连接曲线。

图线要求：①线条粗细均匀，光滑整洁；②曲线与直线连接不留痕迹；③线的交接清楚，交接点不留空隙。

2.1.5 建筑图的绘制

根据投影、视图的原理将建筑的不同角度、不同方面表现出来，所形成的图样就是建筑的平面图、立面图、剖面图等，而建筑的平面图、立面图、剖面图正是表达建筑的重要手段。

（1）平面图

用一个假想平面在建筑物窗台以上略高一点的位置作水平剖切，取走剖切后的上半部分，向下作水平投影，所得到的图样就叫平面图。

建筑平面图图示内容：建筑平面布置情况。

建筑平面图作图步骤如图 2-10 所示：

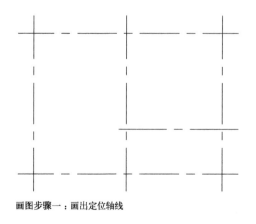

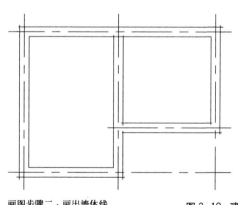

画图步骤一：画出定位轴线　　　　　　画图步骤二：画出墙体线

图 2-10　建筑平面图
作图步骤

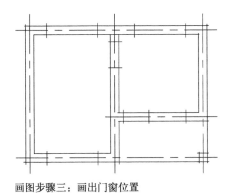

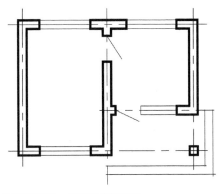

画图步骤三：画出门窗位置

画图步骤四：加深墙体的剖断线。画出门的开启线，台阶。

图 2-10 建筑平面图作图步骤（续）

(2) 立面图

在建筑的外部对建筑作正投影，所得到的图样就叫立面图。

建筑立面图图示内容：建筑立面形象

建筑立面图作图步骤如图 2-11 所示：

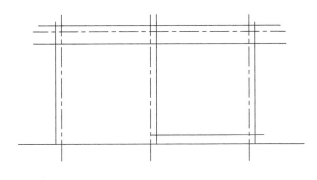

画图步骤一：画出地平线，墙体中心线，屋面线。

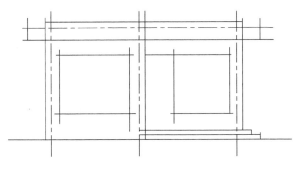

画图步骤二：画出门窗洞口分割线，屋檐宽度线，台阶轮廓。

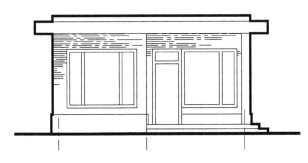

画图步骤三：画出门窗、墙面等细部的投影线。加粗地平线及外轮廓线，门窗洞口用中粗线表示。

图 2-11 建筑立面图作图步骤

(3) 剖面图

在建筑布置、结构复杂的部位用一个假想平面将建筑剖开，移走剖切后的前半部分，露出剖切面，对这个剖切面作正投影，所得到的图样就叫剖面图。

建筑剖面图图示内容：建筑内部结构形式、高度尺寸及建筑上下分层情况。

建筑剖面图作图步骤如图 2—12 所示：

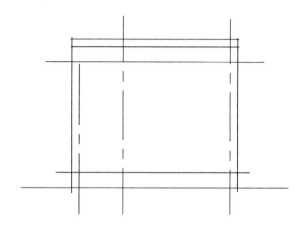

画图步骤一：画出室内外地平线，墙体结构中心线，屋面构造厚度线。

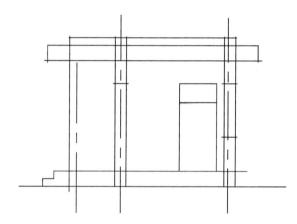

画图步骤二：画出门窗洞口高度、宽度线，屋檐宽度及厚度线。

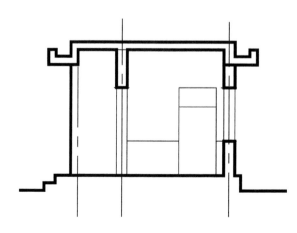

画图步骤三：画出剖断部分轮廓线，门窗、墙面等细部的投影线。加粗地平线及剖断线。

图 2—12 建筑剖面图作图步骤

2.1.6 工具线条训练参考图 （图2-13、图2-14）

图2-13 工具线条训
练（1）

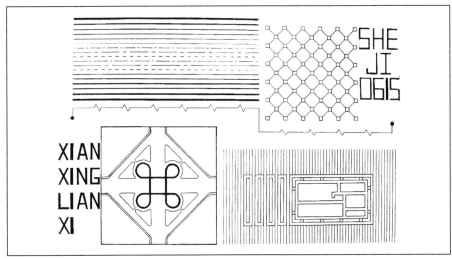

图2-14 工具线条训
练（2）

2.1.7 工具线条训练考核标准 （见表2-3）

表2-3

序号	考核项目	评分依据	评分范围	满分
1	构图	构图严谨，图面和谐。	不符合扣分	10
2	表达	表达规范、正确，符合制图要求。	不正确扣分	10
3	线型	线条流畅、均匀、光滑，线条连接不留痕迹。	不符合扣分	20
4	创造力	构图均衡，组合巧妙、合理、具有创造性。	不正确扣分	10
5	图面	作业精细，图面整洁，完成规定训练的全部任务。	不符合扣分	10
6	工具使用维护	规范使用工具，无损坏、无丢失。	实训中规范使用	10
7	功效	按计划完成任务。	按时间完成任务	10
8	工作态度	积极主动学习。	工作态度表现	10
9	在团队中的作用	良好的合作意识；积极配合；领导组织能力。	团队中起到作用	10
			合计	100

2.1.8 建筑抄绘训练参考图 (图2-15~图2-19)

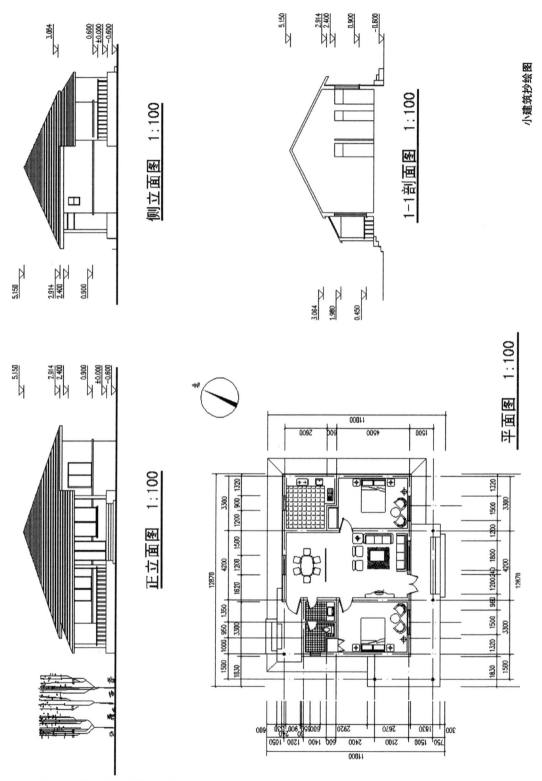

图2-15 小建筑抄绘图（设计：何珊）

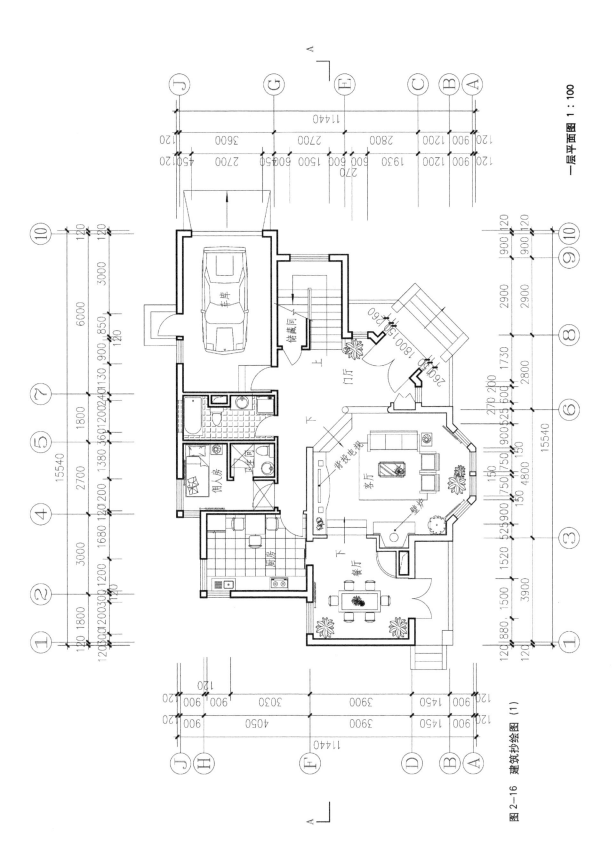

一层平面图 1：100

图 2-16　建筑抄绘图 (1)

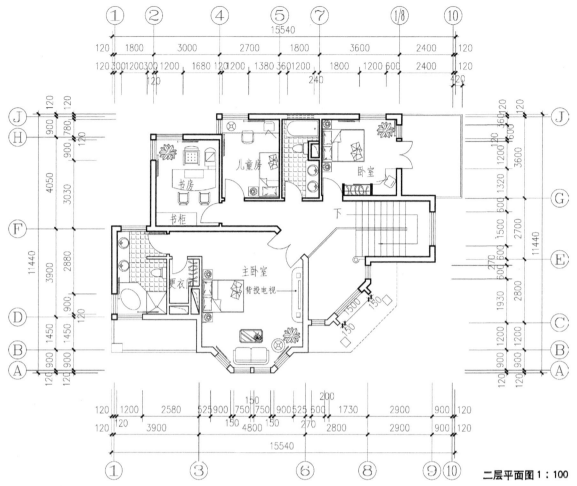

二层平面图 1：100

图 2—17 建筑抄绘图（2）

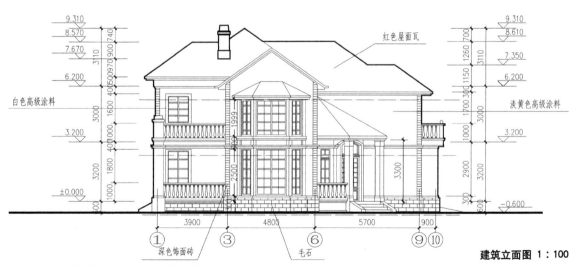

红色屋面瓦

白色高级涂料

淡黄色高级涂料

建筑立面图 1：100

深色饰面砖　毛石

图 2—18 建筑抄绘图（3）（设计：徐宏伟）

图 2-19　建筑抄绘图（4）（设计：徐宏伟）

A-A 剖面图 1：100

2.1.9　建筑抄绘训练考核标准（见表 2-4）

表2-4

序号	考核项目	评分依据	评分范围	满分
1	构图	构图严谨，图面和谐。	不符合扣分	10
2	表达	表达规范、正确，符合国家制图要求。	不正确扣分	10
3	线型	线条流畅、均匀、光滑，线条连接不留痕迹。	不符合扣分	20
4	创造力	构图均衡，组合巧妙、合理，具有创造性。	不正确扣分	10
5	图面	作业精细，图面整洁，完成规定训练的全部任务。	不符合扣分	10
6	工具使用维护	规范使用和保养工具，无损坏、无丢失。	实训中规范使用	10
7	功效	按计划完成任务。	按时间完成任务	10
8	工作态度	积极主动学习。	工作态度表现	10
9	在团队中的作用	良好的合作意识；积极配合；领导组织能力。	团队中起到作用	10
			合计	100

2.2　工程字体

2.2.1　工程字体训练任务

完成工程字体练习一本（回工格）、大作业一张。

（1）工程字体训练目的

1）掌握标题美术字体的特点及书写要领。

2）掌握工程字体的特点、规格和书写要领。

3）结合对字体的比例、结构、特点的认识、理解，达到训练审美能力、构图能力的目的。

（2）基本要求

1）字体练习内容：

①标题字：黑体字、宋体字（包括各种变体字）

②仿宋字：按格书写。

③字母、数字。

2）版面设计：

①将上述练习内容经过版面设计，组织在图面上（可以起铅笔稿）

②不同区域按版面设计的不同内容，按先后顺序认真完成。

3）图纸要求：制图纸，墨线字体。

（3）图纸规格：360mm×500mm

（4）训练时间：8 学时（课后 8 学时）参考图附后

建筑图样上采用的字体称为工程字体。汉字、字母、阿拉伯数字是建筑图样的重要组成部分。建筑图样上的字分为：标题字和仿宋字。

2.2.2 标题字

（1）标题字的种类

1）宋体字

宋体字是模仿毛笔字笔划的印刷体，标题字常用宋体字及各种变体。

2）黑体字

黑体字是横平竖直的方块字，称为黑方头或等线体。加粗笔划，形成方形的粗体字。常见的标题字多为黑体字及变体字。

（2）标题字的书写方法

1）用铅笔打好字格。

2）用铅笔写出字体，加粗笔划。

3）用墨线笔描出字体轮廓（或添实）（图 2-20）。

建筑设计基础　　宋体字

建筑设计基础　　黑体字

每一天都精彩　　黑变体字

图 2-20　标题字

(3) 计算机常用标题字体（图 2—21）

建筑初步与表现技法 华文云彩

建筑初步与表现技法 隶书

建筑初步与表现技法 幼圆

图 2—21 计算机标题字

2.2.3 长仿宋字

建筑图样上的文字多采用长仿宋字（图 2—22）。

工业民用建筑厂房屋平立剖面详图
结构施说明比例尺寸长宽高厚砖瓦
木石土砂浆水泥钢筋混凝截校核梯
门窗基础地层楼板梁柱墙厕浴标号
制审定日期一二三四五六七八九十

图 2—22 长仿宋字

1）长仿宋字特点：笔划粗细一致、整齐挺秀、易于书写、字体美观、便于阅读。

2）字体笔划（图 2—23）：横平竖直、起落有力。

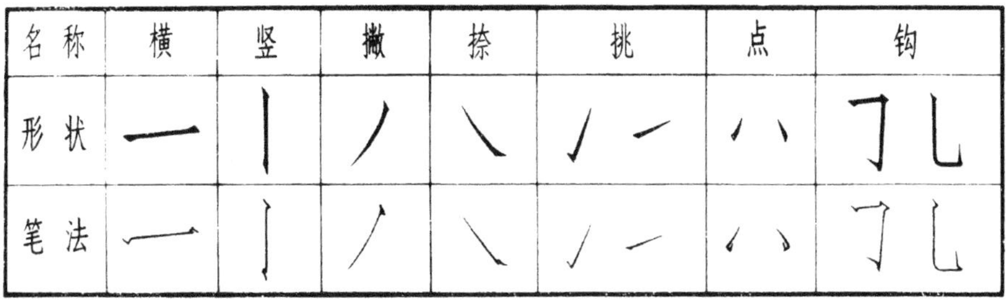

名称	横	竖	撇	捺	挑	点	钩
形状	一	丨	丿	㇏	㇀ 一	丷	㇆ 乚
笔法	一	丨	丿	㇏	㇀ 一	丷	㇆ 乚

图 2—23 长仿宋字笔画

3）字体结构（图 2–24）：每一个汉字都是由笔划按一定规则组成的，笔划分布匀称、比例得当，字的重心稳妥。

土木平面金 上正水车审 三曲垂直量
比料机部轴 混梯钢墙凝 以砌设动泥

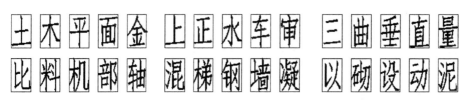

图 2–24　字体结构

4）字体格式（图 2–25）：高宽比一般为 3 ：2，间距为字高的 1/4，行距为字高的 1/3，字的格式要根据在篇幅中的具体情况而定。

10
2.5
10
2.5
10
3
7
3
7

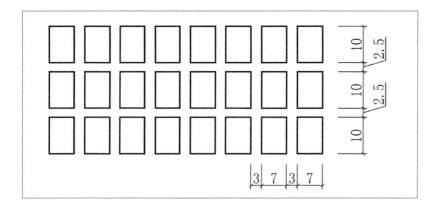

图 2–25　字体书写格式

5）字体的书写要领：横平竖直，起落有力；按格书写，体形统一；结构匀称，比例合适；呼应穿插，和谐统一。

2.2.4　字母、数字（图 2–26）

建筑图样上的字母和数字是图面表达的重要内容，书写时要注意字体结构、笔划顺序。

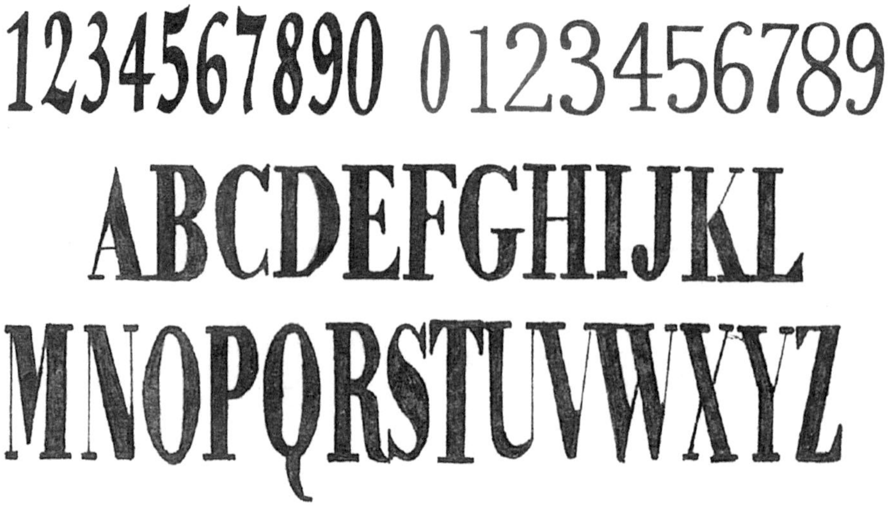

1234567890 0123456789
ABCDEFGHIJKL
MNOPQRSTUVWXYZ

图 2–26　字母和数字

字母和数字的特点是曲线较多，笔划要光滑、圆润、粗细一致。

书写前应注意版面设计，写每一个字都是版面设计的过程。掌握好比例关系、均衡感、整体感、呼应关系。

2.2.5　工程字体训练参考图（图2-27）

图2-27　字体练习

2.2.6　字体训练考核标准（见表2-5）

表2-5

序号	考核项目	评分依据	评分范围	满分
1	构图	构图严谨，图面和谐、优美。	不符合扣分	10
2	表达	表达规范、正确，符合国家制图要求。	不正确扣分	10
3	字体	字体端正，结构合理，笔划正确。	不符合扣分	20
4	创造力	构图均衡，组合巧妙、合理、具有创造性。	不正确扣分	10
5	图面	作业精细，图面整洁，完成规定的全部任务。	不符合扣分	10
6	工具使用维护	规范使用和保养工具，无损坏、无丢失。	实训中规范使用	10
7	功效	按计划完成任务。	按时间完成任务	10
8	工作态度	积极主动学习。	工作态度表现	10
9	在团队中作用	良好的合作意识；积极配合；领导组织能力。	团队中起到作用	10
			合计	100

2.3 建筑画的透视

　　建筑制图与透视的知识是建筑学专业学生的入门知识，利用透视原理求作透视图是建筑类学生必须拥有的基础知识和基本技能。用透视学原理求出的透视图，在实际操作过程中，有时会因为求作透视的某一个要素设定的不合理而导致透视形体变形大或透视效果不明显，使用了大量的时间，透视图的效果不理想。为避免这种现象的出现，在本节中，主要介绍透视的基本知识和透视图的简易求作方法，使学生们收到事半功倍的作图效果。

2.3.1 透视图概述

　　(1) 透视图的基本概念

　　透视图是人们在二维的图纸上绘制的符合人的视觉规律的图样，图 2—28是广州白云宾馆的透视图，它逼真地表现出建筑物巍峨矗立，雄伟壮观的外貌，使人如身临其境一般。这种透视图，具有近大、远小的特点（图 2—29）。

图 2—28 广州白云宾
馆透视图

图 2-29 透视图的特点
近大远小

（2）透视图的形成

在建筑物与人的眼睛之间，假定有一幅透明的图面，而把所要描写的建筑物，在画面上描绘出来，得到的图样就是透视图（图 2-30）。透视图形成的三要素为物体、视点、画面。

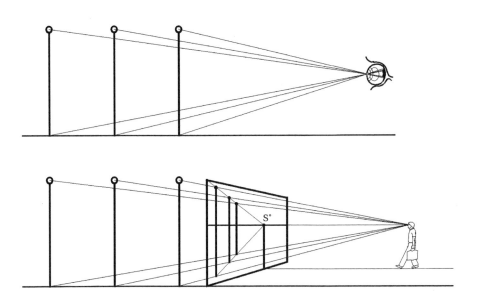

图 2-30 透视图的形成

（3）透视图常用术语

在绘制透视图时，常用一些专门的术语。我们必须弄清楚他们的确切含义，有助于掌握透视的作图方法。

结合（图 2-31）介绍透视作图中的几个常用术语：

基面——放置建筑物的水平地面。常用字母 G 表示。

画面——绘制透视图的平面。以字母 P 表示，画面一般为铅垂面。

基线——画面与基面的交线。在画面上一般用 x-x 表示，也代表地平线。在平面图中用 PH 表示。

视点——相当于人眼所在的位置，即投影中心 S。

站点——视点在基面上的水平投影，相当于观赏建筑物时，人的站立点 s。

心点——视点在画面上的正投影，用 s° 表示。

视平线——垂直于画面的视线所形成的视平面与画面的交线，用 h-h 表示。

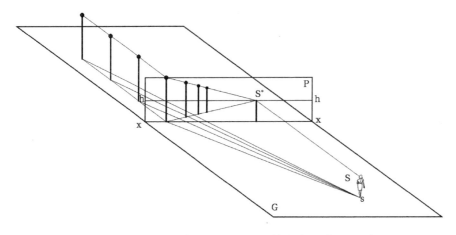

图 2-31 透视图常用术语

视高——视点 S 到基面 G 的距离，即人眼的高度，常用 S_s 表示。

视距——视点对画面的距离。用 D 表示。

（4）透视图的分类：

1）按照视点位置分类

①标准透视图（视点 1.5～2m）；

②鸟瞰透视图（视点比建筑物高出很多）；

③仰视透视图（视点低）。

2）按照透视灭点的数量分类

①一点透视 = 平行透视；

②两点透视 = 成角透视；

③三点透视 = 斜透视。

2.3.2　透视图的求作方法

（1）一点透视（平行透视）

1）一点透视（图 2-32）的概念

建筑物主要立面与画面平行，而与画面平行的立面上水平线、垂直线没有灭点；建筑进深方向与画面垂直的线，有共同的灭点——心点。

2）一点透视图体系（图 2-33）

图 2-32　一点透视图

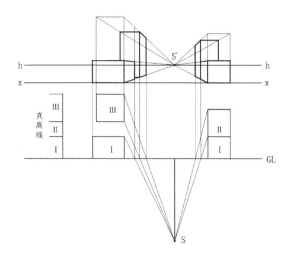

图 2-33　一点透视体系

在透视体系中，画面后有一组建筑，有三种不同的高度。

(2) 两点透视 (成角透视)

1) 两点透视 (图 2-34) 的概念

建筑物主要立面与画面斜交，立面上两组水平线均有灭点，垂直线没有灭点。

图 2-34　两点透视图

2) 两点透视图体系 (图 2-35)

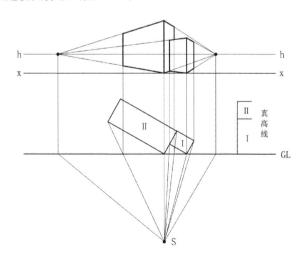

图 2-35　两点透视体系

(3) 三点透视（斜透视）

1) 三点透视（图2-36）的概念

图2-36　三点透视图

画面倾斜于地面，建筑物主要立面与画面斜交，立面上三组线均有灭点。

2) 三点透视体系（图2-37）

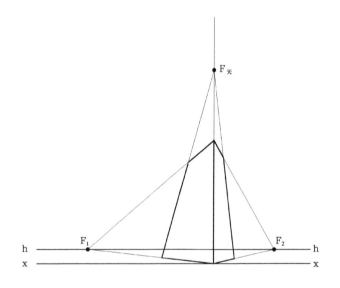

图2-37　三点透视体系

2.3.3　影响、制约透视图效果的基本要素

(1) 人眼的视觉范围

人不转动头部而直视眼前的景物时，其所见是有一定范围的。这个范围是以人的眼睛为顶点，以主视线为轴线的视锥（图2-38）。视锥的水平视角最大可达120°～148°，垂直视角最大可达110°。在画透视图时视角控制在60°之内，最佳视角是30°～40°。

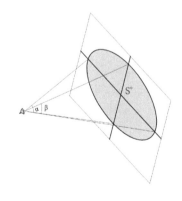

图2-38　透锥

图 2-39 中是几个立方体的透视图，在视域 60°范围内的几个立方体，其透视比较真切、自然，而处于 60°视域范围外的立方体，其透视出现不同程度的变形。因而，视角的大小，对透视形象影响极大，作图时要认真对待。

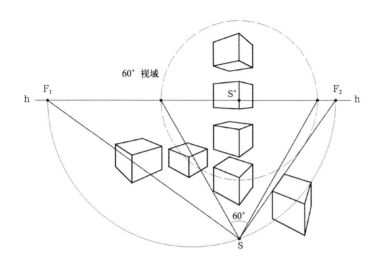

图 2-39 视觉范围与透视现象的关系

（2）视点的确定

1）确定视距（站点）的位置

确定视点与画面的距离，直接影响着视角的大小，一般应考虑如下几个方面：

①视角大小。根据画面中主体建筑的宽度，确定视点与画面的距离。视距一般为主体建筑宽的 1.5～2 倍。②站点左右位置的选定。所绘制的透视图能充分体现出建筑物的整体造型特点。

2）视高的确定

视高：一般根据人体的高度，将视点的高度确定为 1.5～1.8m。实际应用时为创造特殊的画面效果，可以提高视点或降低视点。提高视点的高度，透视图中地面展示的比较充分。降低视点的高度，透视图中的建筑形象给人高耸宏伟之感。

（3）画面与建筑物的相对位置的确定

确定画面与建筑物的相对位置，要考虑以下两个方面：

1）画面与建筑物立面的偏角大小对透视图的影响

图 2-40 所示，建筑物的某一个

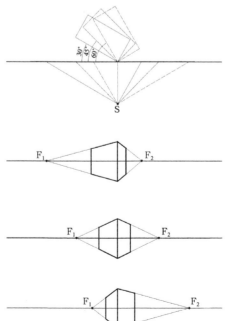

图 2-40 建筑与画面的夹角

立面与画面的夹角在15°～75°之间移动，当夹角较小时，灭点远，展现得充分。当夹角较大时，灭点近，展现得不充分。

2）画面与建筑物的前后位置对透视图的影响（放大或缩小）

当视点和建筑物的相对位置确定后，画面可在建筑物之前，也可以在建筑物之后，更可以穿过建筑物。这样做都不会影响透视图的效果。如图2—41所示，几个画面上的透视图都是相似图形，因为画面位置的前后不同，透视图有缩小和放大的不同。

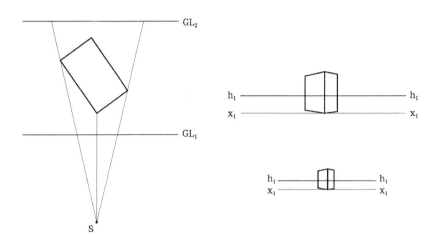

图2—41　透视图的放大与缩小

2.3.4　透视图的简易求作方法

(1) 一点透视（平行透视）简易求作方法（图2—42）

1）确定画面尺寸。

2）按比例确定地平线、视平线的高度、心点位置。

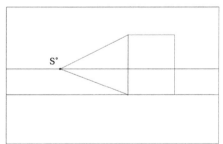
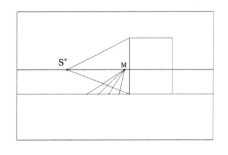
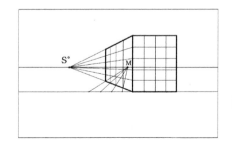

图2—42　一点透视简易求作方法步骤

3）按比例确定真高线，画出建筑立面轮廓线。

4）画出透视消失线。

5）利用真高线作出建筑立面分割线。

6）建筑细部。

7）画配景。

（2）两点透视简易求作方法（图2-43）

1）确定画面尺寸。

2）按比例确定地平线、视平线的高度。

3）按比例确定真高线。

4）确定两灭点，画出透视消失线。

5）利用真高线及灭点作出建筑立面轮廓线及立面分割线。

6）建筑细部。

7）画配景。

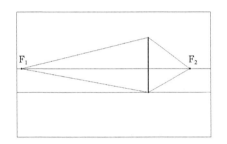
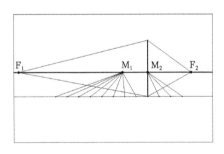
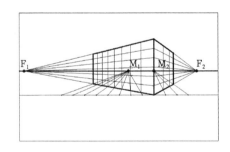

图2-43 两点透视简易求作方法

2.3.5 透视图中的几种辅助方法

（1）透视分割

画开间及门窗的垂直分割

假设要在透视图中，将建筑立面划分为三个开间，可将开间分割的实际尺寸画到辅助线上去，如图2-44所示，在视平线上找到一点，为辅助灭点，将各个分割点与连线交于透视消失线上，其交点即为所求。

（2）画开间及门窗的水平分割

1）可利用真高线，按一定比例，直接画出建筑立面的水平分割点。

2）在真高线对应的墙棱线，因距离灭点较远而无法直接求出分割点时，可利用辅助线法作透视分割，如图2-45所示。

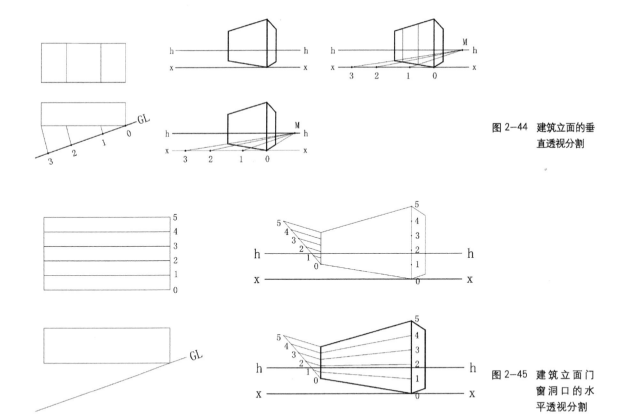

图 2-44 建筑立面的垂
直透视分割

图 2-45 建筑立面门
窗洞口的水
平透视分割

3）求作矩形的中线

矩形对角线的交点，就是矩形的中点，矩形的中线必通过该中点。

首先，在矩形的透视图上画对角线，得到中点，如图 2-46 所示。

4）圆周的透视，如图 2-47 所示，利用圆周的外切正四边形求作圆周的透视。

5）利用对角线分割建筑平面，如图 2-48 所示。

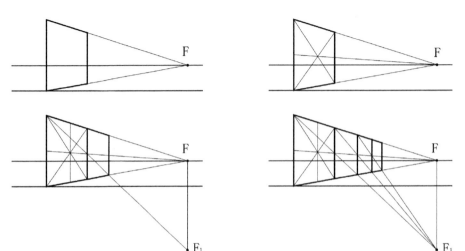

图 2-46 矩形中线及
等分建筑立
面透视分割

图 2—47　圆周的透视

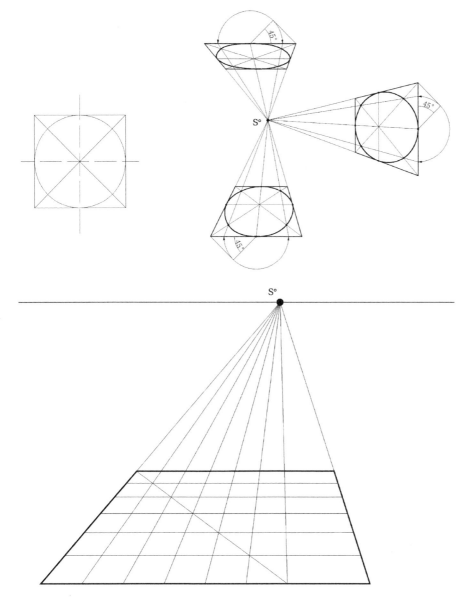

图 2—48　对角线分割
建筑平面

2.4　建筑速写及钢笔画

2.4.1　建筑速写及钢笔画训练任务

　　建筑钢笔画训练任务有三个，一是徒手线条训练 50 张小作业和一张大作业；二是建筑配景训练 10 张小作业和一张大作业；三是建筑钢笔画训练 20 张小作业和三张大作业。

　　任务一　徒手线条训练

　　（1）徒手线条训练目的：

　　1）掌握徒手画线的方法与技巧。

　　2）训练构图能力、审美能力。

（2）训练要求

1）徒手线条练习内容：

①直线：水平线、垂直线、斜线，排线。②曲线：圆周、圆弧、圆点。

③折线。④乱线。⑤各种线的组合：材质、肌理、明暗、叠加、退晕。

2）版面设计：

①将上述练习内容经过版面设计，组织在图面上。

②线条疏密有致。

3）图纸及线条要求：制图纸、墨线。

（3）图纸规格及线条要求

1）50张小作业：8开新闻纸或打印纸，墨线条。

2）大作业：制图纸，幅面 360mm×500mm，墨线线条。

（4）训练时间：4学时（课后16学时）

（5）训练要求

1）构图大胆、灵活，图面和谐、有创造性。

2）线条流畅、娴熟，有专业特点。

3）完成规定练习的全部内容。

任务二　建筑配景训练

（1）建筑配景训练目的：

1）掌握徒手表现建筑配景的方法与技巧。

2）通过图面设计，训练构图能力、审美能力。

（2）建筑配景训练要求：

1）徒手表现建筑配景的内容：

①绿化：树、树篱、草坪等；②车；③人物；④其他

2）版面设计：

①将上述练习内容经过版面设计，组织在图面上。

②图面布置和谐、完美。

（3）图纸规格及线条要求

1）10张小作业：8开速写本，墨线条。

2）大作业：制图纸，幅面 297mm×420mm，墨线线条。

（4）训练时间：4学时（课后16学时）

（5）训练要求

1）构图具有全局性，局部与整体和谐。

2）练习内容全面、多样。

3）线条流畅、娴熟，图面精美。

任务三　建筑钢笔画训练

（1）建筑钢笔画训练目的

1）掌握用钢笔表现建筑物及建筑配景的方法与技巧，训练设计表达的能力。

2）掌握构图原理，并通过图面设计，训练建筑画的构图能力。

（2）建筑钢笔画训练要求

1）建筑钢笔画练习内容：①临摹；②画图片；③写生。

2）图纸规格及线条要求：

① 50 张小作业：8 开新闻纸，墨线条。

②大作业：制图纸，幅面 360mm×500mm，墨线线条。

（3）训练方法

1）选择图面信息量适中，透视关系明确的优秀作品进行临摹。

2）选择建筑图片进行绘制。

（4）训练时间：8 学时（课后两周 24 学时）

（5）训练要求

1）建筑表达准确。

2）图面富有层次，主从有序。

3）线条流畅、娴熟，图面精美，有个性特点。

2.4.2 建筑速写钢笔画的概念及特点

所谓建筑速写也就是在最短的时间，通过简便实用的绘图方法和绘图绘画工具，将建筑对象用客观艺术的方式绘制出来（图 2-49）。其特点就是迅速便捷，可以把想要记录的对象迅速地记录下来。而钢笔画相对速写来讲需要深入一些，作画时间相对速写要长，以黑白灰三个层次表现建筑，画面简洁朴素，以少胜多，具有独特的艺术魅力（图 2-50）。

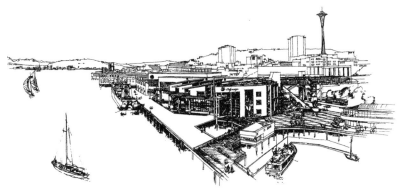

图 2-49 建筑速写

图 2-50 建筑钢笔画

2.4.3　建筑速写钢笔画的工具、材料

建筑速写及钢笔画是用同一粗细的钢笔线条加以叠加组合，来表现建筑及其环境的形体轮廓、空间层次、光影变化和材料质感。因而作画工具非常简单，一只下水流畅的钢笔（现今多采用针管笔或中性笔）即可，辅以一把直尺（可选）。图纸可以选用：制图纸、复印纸、硫酸纸等。

2.4.4　建筑速写和钢笔画的线条与表现力

（1）钢笔线条的运笔

大量的线条练习是画好建筑速写和钢笔画的前提条件。利用零碎的时间作线条练习是学习钢笔画的第一步。图2-51是钢笔画的画线要领。

（2）钢笔线条的组合（图2-52）

曲直、长短、方向不同的线条组合、排列有很强的艺术表现力。因为线条的方向感和线条间残留的小块白色底面会给人丰富的视觉印象。在建筑速写和钢笔画中选择它们表现建筑物及其周围的环境的明暗关系、空间关系、材料质感。

（3）钢笔线条的表现力

1）钢笔线条组合表现光影变化（图2-53）：直线、曲线、圈、点的组合、叠加都可以表现光影的变化，出现退晕效果。

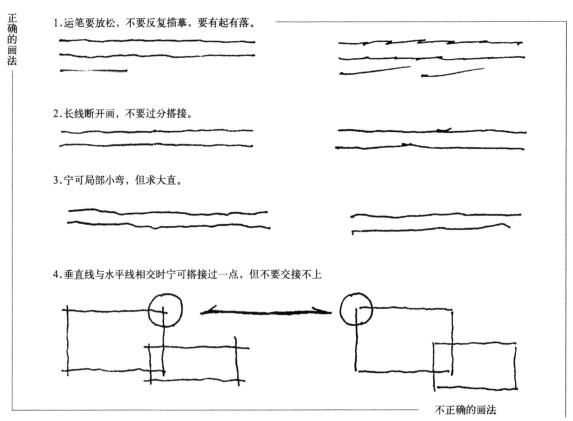

图2-51　建筑钢笔画画线要领

图2-52 钢笔线条的
组合

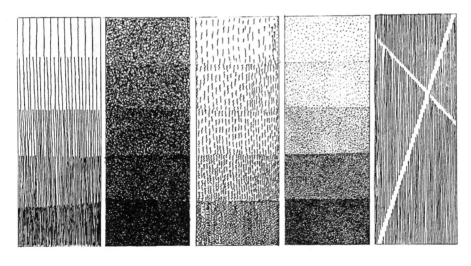

图2-53 钢笔线条组
合表现的退
晕效果

2）钢笔线条表现材料的质感（图2-54）：线条丰富的变化和不同的排列组合，不仅可以表现建筑的光影变化，还可以表现出不同材料的质感。

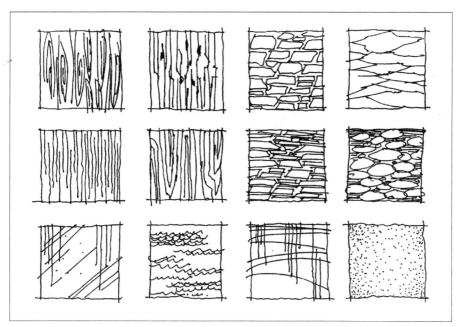

图 2-54 钢笔线条排列组合表现的材料质感

2.4.5　建筑速写钢笔画的画法（图 2-55 是钢笔画绘制的过程）

1）铅笔起稿：用铅笔线将建筑的主轮廓敲定下来，找准建筑的视平线，灭点，也要将配景计划好，配景要服务于建筑主体。铅笔线要轻一些，不用过于细致，以全局为主。

2）用墨线笔将建筑的主体结构绘制出来，结构要清晰，尤其结构转折的地方要画清楚，为下一步绘制暗部调子及材质打好基础。

3）将暗部调子填充完整，尽量用材质来表现调子，这样可以使画面显得更加丰富，增加了建筑的内涵。适当加入配景，但其强度不应超过建筑主体。

4）调整画面，收尾。

图 2-55　钢笔画绘制步骤 1

图 2-55 钢笔画绘制
步骤 2

图 2-55 钢笔画绘制
步骤 3

2.4.6 建筑钢笔画的配景

建筑画的配景可以概括为三大类：绿化、人物、车辆。

（1）绿化

建筑画中的绿化一般有草坪、绿篱、树木。这里主要介绍树木的画法。

1）树形：在建筑画中画树木，除考虑树木的南北方生长的特点外，更重要的是考虑树形与建筑形状特征相协调，要形成一定的对比，尽量避免雷同。自然界中的树木形状很多，如圆形、椭圆、三角形、伞形、锥形等。树木的画法应该与画建筑的画法一致。

2) 树木的画法：

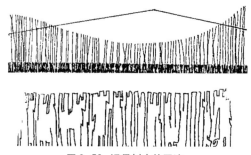

远景树木的画法（图
2–56）：无需画出树叶与
树干，只需画出树木的
轮廓。

图 2–56　远景树木的画法

近景树木写实的画
法（图 2–57）：比较细
致地画出树叶与树干。
根据树木的不同，树叶
的形状有很大的区别。

图 2–57　近景树木写实的画法

树木程式化画法（图 2—58）：用简练而图案式的方法，夸张地表现树形。

图 2—58　树木程式化画法

平面图中树木画法（图 2—59）：用概括而图案式的方法，夸张地表现树头的形状。

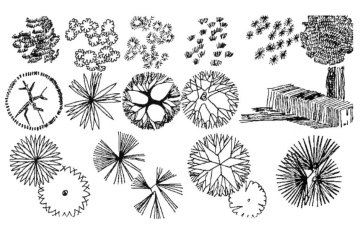

图 2—59　平面图中树木画法

（2）人物、车辆

建筑画中的人物、车辆要在尺度和透视关系上与画面一致，画法与主体建筑的画法一致（图2-60、图2-61）。

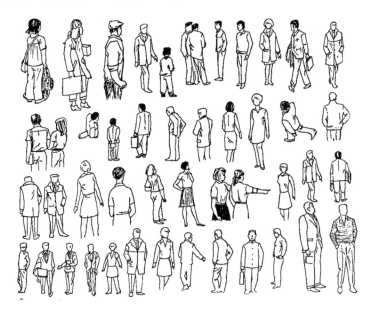

图2-60 建筑画中人物的画法

图2-61 建筑画中车辆的画法

2.4.7 建筑速写钢笔画的注意事项

（1）线条与运笔

很多学生和建筑类从业人员都看过很多国外建筑大师绘画的草图，他们以线条优美流畅取胜。其实，草图画的好不好与用线的流畅程度有很大关系。有的同学之所以画不好，其实也就是线条不流畅，重复笔画太多，线条不直，或不圆滑，反复的描线，而且显得很不自信，就不自然了。在画图时不妨放下心理负担，大胆地去画线，画不好可以重画。

（2）透视

要充分重视透视在建筑表现中的作用，尤其是学生在学习钢笔建筑画的过程中一定要解决透视的问题。每次在起稿过程中要找好视平线，灭点。不可省略。

（3）构图

构图要充实饱满，但也不能将主体建筑画满一张纸，要留有配景的位置。

2.4.8　建筑速写及钢笔画训练参考图（图2-62～图2-69）

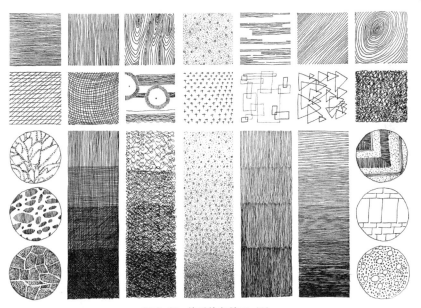

图2-62　徒手线条练习（1）

图2-63　徒手线条练习（2）

图 2-64　建筑配景练习（1）

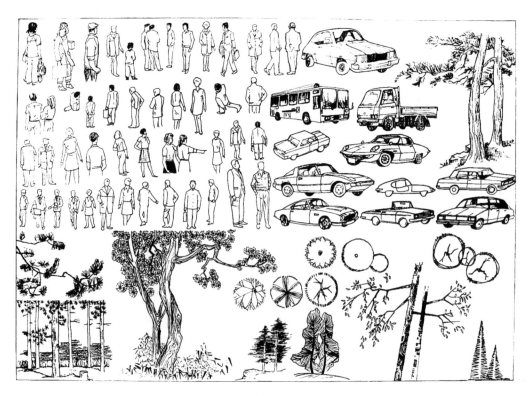

图 2-65　建筑配景练习（2）

图 2-66　建筑钢笔画（1）（作者：蔡惠芳）

图 2-67　建筑钢笔画（2）（作者：潘志鹏）

图 2-68 建筑钢笔画（3）（作者：田兆丰）

图 2-69 建筑钢笔画（4）颐园街 1 号（作者：蔡惠芳）

2.4.9 建筑速写及钢笔画训练考核标准 (见表2-6 ~ 表2-8)

建筑钢笔画徒手线条训练考核标准 表2-6

序号	考核项目	评分依据	评分范围	满分
1	构图	构图严谨、构图大胆、灵活，图面和谐。	不符合扣分	10
2	表达	表达规范、正确，符合建筑钢笔画徒手线条要求。	不正确扣分	10
3	线条	线条流畅、娴熟，有专业特点。	不符合扣分	20
4	创造力	构图均衡，组合巧妙、合理，具有创造性。	不正确扣分	10
5	图面	作业精细，图面整洁，完成规定训练的全部任务。	不符合扣分	10
6	工具使用维护	规范使用和保养工具，无损坏、无丢失。	实训中规范使用	10
7	功效	按计划完成任务。	按时间完成任务	10
8	工作态度	积极主动学习。	工作态度表现	10
9	在团队中的作用	良好的合作意识；积极配合；领导组织能力。	团队中起到作用	10
			合计	100

建筑钢笔画建筑配景训练考核标准 表2-7

序号	考核项目	评分依据	评分范围	满分
1	构图	构图严谨、构图大胆、灵活，图面和谐。	不符合扣分	10
2	表达内容	表达规范、正确，符合建筑钢笔画徒手线条要求。	不正确扣分	10
3	线条	线条流畅、娴熟，有专业特点。	不符合扣分	20
4	创造力	构图均衡，组合巧妙、合理、具有创造性。	不正确扣分	10
5	图面	作业精细，图面整洁、精美，完成规定训练的全部任务。	不符合扣分	10
6	工具使用维护	规范使用和保养工具，无损坏、无丢失。	实训中规范使用	10
7	功效	按计划完成任务。	按时间完成任务	10
8	工作态度	积极主动学习。	工作态度表现	10
9	在团队中的作用	良好的合作意识；积极配合；领导组织能力。	团队中起到作用	10
			合计	100

建筑钢笔画训练考核标准 表2-8

序号	考核项目	评分依据	评分范围	满分
1	构图	构图具有全局性，局部与整体和谐。	不符合扣分	10
2	表达内容	建筑表达准确。	不正确扣分	10
3	线条	线条流畅、娴熟，图面精美，有个性特点。	不符合扣分	20
4	创造力	构图均衡，组合巧妙、合理、具有创造性。	不正确扣分	10
5	图面	图面富有层次，主从有序。完成规定训练的全部任务。	不符合扣分	10
6	工具使用维护	规范使用和保养工具，无损坏、无丢失。	实训中规范使用	10
7	功效	按计划完成任务。	按时间完成任务	10
8	工作态度	积极主动学习。	工作态度表现	10
9	在团队中的作用	良好的合作意识；积极配合；领导组织能力。	团队中起到作用	10
			合计	100

2.5 建筑设计草图的绘制

建筑设计草图是指在建筑设计过程中，设计者徒手所绘制的有助于表达设计思维的研究性的图，主要包括准备阶段的草图、构思阶段的草图和完善阶段的草图。

草图是建筑设计构思的开始，在建筑设计整个推敲构思的过程中，通过草图将头脑中模糊的、不确定的意向逐渐明朗化，将构思灵感以及对设计的想法及时记录下来。正是对草图的不断探索、比较和思考，建筑方案才得以成型。可以说，草图决定了建筑方案的基本格局，它是建筑设计构思阶段中最重要和最关键的手段。

绘制建筑设计草图的工具主要有笔和纸。用于绘制草图的笔有很多种：炭笔、炭棒、铅笔、钢笔、美工笔、针管笔、毛笔、马克笔、彩色铅笔、签字笔、中性笔等等。用于绘制草图的纸有新闻纸、拷贝纸、制图纸、硫酸纸、水彩纸等等。画建筑设计草图，每个人都有自己的喜好，有自己习惯和擅长的一些工具，有人喜欢用钢笔画钢笔速写，有人则爱用铅笔画素描，但不管何种画法都要尽量发挥工具本身的特点，以快捷和表现力强为选择的根本前提。画铅笔草图适合选用拷贝纸或硫酸纸，充分利用纸张的半透明性质。构思阶段需要不断推敲和反复修改，采用拷贝纸或硫酸纸绘图，可以将一张纸蒙在另一张草图上，描出肯定部分，绘出修改部分，这样一来反复描绘使设计不断走向深入，若能配合彩铅和马克笔绘图，效果更佳。

建筑设计草图的绘制在整个建筑设计中有重要的意义：

1）草图作为图示表达的一种方式在建筑设计构思阶段起着重要的作用。草图看似随意性强，其实它是设计师设计灵感真实再现，不仅记录了建筑形象，而且也表达了设计师的思维进程，在草图的反复权衡和比较中，不断激发灵感，使设计的形象由不清晰到清晰直至肯定，最后完善设计。

2）草图还是进行交流的手段。构思的过程不仅仅是设计者自我表达设计意图的过程，同时，还需要与设计伙伴、客户等进行沟通和讨论，草图以其快速的图示表达，成为交流的重要工具。

2.5.1 建筑设计草图的特点

建筑设计草图的绘制是设计师设计思想快速、真实的表达，作为设计师思考的工具，在徒手勾画的同时，应充分发挥草图的特点，以最大限度表达创作思维，促进创作思维的作用。建筑设计草图的表达特点主要包括三个方面：不确定性、概括性、真实性。

（1）不确定性

不确定性是设计草图的基本特征，这种模糊的、开放的、不确定的特性有助于帮助我们进行思考。初始性的概念草图反映的是建筑师对设计发展方向作出的多方面、多层次的探索，这时的草图表现意向是模糊的、朦胧的、不完整的，体现的是创作思维的多种可能性。这种草图表达应粗犷不具体，追求整体性，忽略次要和细节问题，为进一步研究和探索提供思考空间。往往使用很多含混交错的线条，浓重的重复线条来表达对一个问题的怀疑和肯定，当思路慢慢清晰，草图的不确定也向确定转化。

（2）概括性

建筑设计草图是建筑设计的图示化思考。在繁杂的设计过程中，头脑中的设计意念瞬息万变，如果将它们都表达出来，既不可能也不必要，必须有所取舍。我们逐步提高概括能力，更好的发挥设计草图的快速特点，将构思中的灵感迅速捕捉到，并将设计的灵感概括其中。

（3）真实性

建筑设计草图不同于纯艺术的想象和表达，它要求真实地反映设计中的建筑实体和空间，容不得虚假的东西掺杂在其间，设计者追求的应该是预想中的真实，否则绘制的草图是没有任何意义。许多设计大师的设计草稿与建成建筑相对照,二者的相一致性是令人叹服的。例如:伍重的悉尼歌剧院（图 2-70），门德尔松的爱因斯坦天文台（图 2-71）。

2.5.2 建筑设计草图的画法

（1）建筑设计草图构成要素

绘制建筑设计草图所运用的基本要素是点线面色彩及文字符号，通过它们的组合和运用，将建筑形象和设计思路表达出来。

（a）方案草图

（b）悉尼歌剧院建成后，成为澳大利亚地标式的建筑

图 2-70　悉尼歌剧院

图 2-71 爱因斯坦天
文台

(a) 方案草图的两个阶段　　　　　(b) 建成后的爱因斯坦天文台

1）点

点在草图中既可以代表实体，如建筑中的柱子、纪念碑、人物、树木；点也可以代表材质，如石材表面的质感、混凝土表面的质感等；点还可以代表光影变化，利用点的疏密来表达光影的黑白灰细微变化；点在绘图中的辅助作用，可以表示物体的空间定位，如圆心点、透视的灭点等。

2）线

线在草图中应用广泛，可以表达实际的线，表达物体的轮廓，要求用线时简捷明了；线也是修改设计的有利手段，往草图上描了很多遍的地方，一方面表示对这一部分的强调和肯定，另一方面也表现了设计者的修改过程。

3）面

面在代表实体时，常常用笔将之填充，强调其封闭性和厚重感。在画草图时，面的填充方法多种多样，有时用点、有时用线，最简单的方法就是用单纯的轮廓线表示受光面，用涂黑的面表示暗面，以强调建筑形体的立体感和空间效果。

4）色彩

绘制建筑设计草图时常常使用色彩以加强图面效果。画准备阶段草图时，用黑白线条表达即可，随着设计的深入，为了寻找和探索建筑整体的色彩配置，往往使用彩铅、马克笔等绘出建筑的固有色和环境背景色，这样能够比较深入的表现建筑的材质特性与纹理。有时也用色彩区分不同的部位，在总图上用绿色代表绿化，用蓝色代表水面。色彩的使用可以加强草图的表达效果。

5）符号与文字

在建筑设计草图中，符号与文字作为辅助说明手段，起着重要的作用。符号具有分析识别、指明关系、强调重点等多方面作用。文字可以表达出许多图示难以表达的内容，如：设计一些基本内容的介绍、空间功能的说明、建筑环境的说明等等。

(2) 建筑设计草图绘制程序

按建筑设计过程可以将设计草图大致地分为：准备阶段草图、构思阶段草图、完善阶段草图。这里主要介绍构思阶段的草图：概念草图和构思草图的绘制步骤。

1）概念草图

概念草图是指在建筑设计的立意构思前，建筑师经过认真对建筑设计对象环境、功能、技术要求及客户的需要等方面的认识和理解，在创作意念的驱动下，建筑师画出的建筑设计立意思维草图。概念草图的特点是：开放性，反映对建筑的整体性思考。刚刚着手设计，我们的立意思维不可过多的受到限制，强调开启创造性思维，探索各种不同的可能性。此时，头脑中的思维会异常活跃，灵感的火花不断闪现。为捕捉到转瞬既失的创作灵感，需要我们快速地将思维的点滴变化与朦胧的意象记录下来。这时，笔下的线条应自由奔放，不受工具和材料的限制，因而选择一支好用的笔非常重要，如：软质粗铅笔、炭笔、马克笔、粗墨线笔等都是较好的草图工具。概念草图记载的意念形象是鲜明生动的感性形象，粗犷不具体，强调的是轮廓性概念，例如：贝聿铭的美国国家美术馆东馆概念草图（图2-72）。绘制草图时，可以随意、简洁，不追求精确的表达和对细节的深入刻画，抓住头脑中的灵感将其记录下来，把握关键问题，关注建筑的整体意象，注重于核心问题的探索。

2）构思草图

随着概念草图的完成，设计的基本思路已经大体确定下来。这时，虽然大的思路已定，但对问题的思考仍然是粗线条的，具体问题还是要继续推敲、解决。在这个过程中，每一个问题都有多种答案，每一次突破都存在着偶然性和随机性。整个草图的绘制过程表现为以主观判断为标准的择优模式，以此推动设计向前发展。提出问题，得到新的草图时，都需要判断和取舍，可以是对整体性的问题的判断，也可以是对局部设计草图判断。在开始时，设计者的思维是模糊的，不清晰的，草图也是含混的、不确定的，随着思考的深入发展，问题的剖析和不断解决，草图逐渐随着思维的清晰、确定、条理，变得完整、肯定。这个过程是我们将半透明的草图纸蒙在先前草图上进行摹改的过程，有

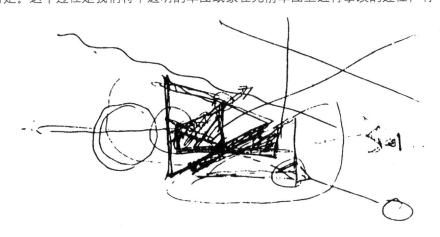

图2-72 贝聿铭的美
国国家美术
馆东馆概念
草图

时也会用另一张图纸画出新的草图。通过反复构思、比较、优中选优，方案也由混乱、无序，走向成熟。在设计时，注重空间结构、各部位关系的表达，用笔粗细相间，不必细致加工，留有修改的余地。

（3）铅笔草图绘制方法

1）铅笔草图的笔触

利用铅笔的笔尖和铅笔的侧面再加上力度的变化，可以得到不同的笔触效果，得到浓淡、粗细、虚实、疏密的变化。例如：用笔尖可以画出细线，用笔的侧锋可以得到粗线，用力画线条时，力度小线条虚，排线和平涂可获得退晕或均匀效果。

2）铅笔草图画法分类

铅笔草图的画法可分为三种：白描、素描和叠加法。

①白描法：主要是用线的组合表现设计意图，不作光影的描述。这种画法特点是清晰、明快、简朴。

②素描法：也称铅笔渲染法，富于光影效果。这种画法的特点是：画面黑白对比强烈，空间感强，色彩感强。

③叠加法：是白描法和素描法的叠加和综合。用白描表现前景和远景，用素描的渲染效果表现主体建筑。

3）铅笔草图的比例、透视关系

画草图时，要有正确的比例关系。用画面中相对的比例关系，控制建筑的高宽比和总体布局尺度关系。

4）铅笔草图的透视关系

画草图时，注意画面的透视关系，只有符合人眼透视规律的草图才具有真实性。

5）铅笔草图的光影变化

建筑形体在不同的光环境下，会有不同的视觉效果，因而画草图时需要绘制建筑的阴影部分，用强烈的黑白对比表现建筑的立体感和空间感。对光影的表现要有概括和取舍，如：建筑的重点部位，多加笔墨，使之醒目、突出，反映统帅作用，次要部位的阴影则应减弱。光线的角度选择得当，注意建筑朝向，让自然光线从左侧或右侧洒向建筑物。

6）铅笔草图的配景

草图中配景的绘制使建筑的环境更具有真实性。建筑设计草图的配景可以比较概括的表现。绘制时注意配景的尺度真实性，注意配景在画面中的位置。

方案草图的实例（图 2-73 ～ 图 2-75）。

2.5.3 建筑设计草图实例

从对场地分析、功能分析、平面布置到立面形状设计反映了设计师建筑设计的全部心路历程。草图生动地记录了这一历程，生动地再现了这一历程（图 2-76）。

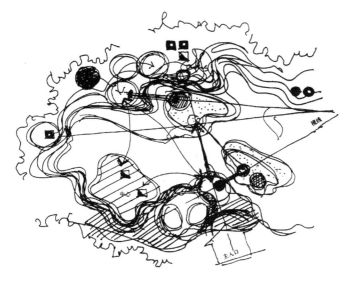

图 2-73 保罗·拉索
的场地研究

图 2-74 赖特的流水
别墅

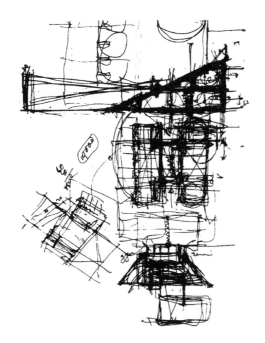

图 2-75 戴维的总平
面设计构思
草图

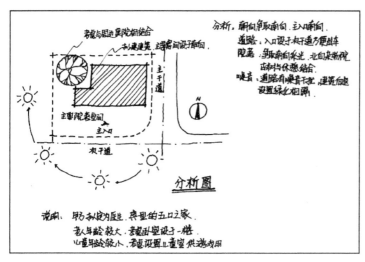

场地分析

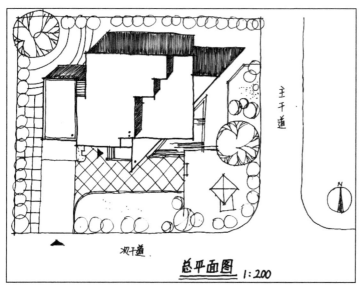

总平面设计

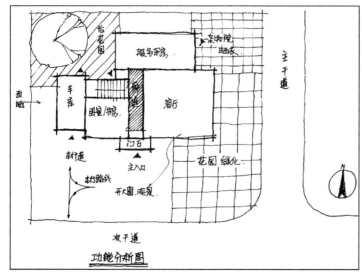

功能分析

图 2-76 建筑设计草
图范例
(作者：徐婧)

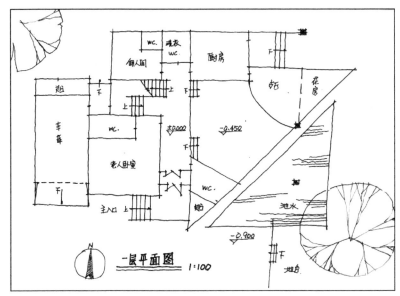

平面设计

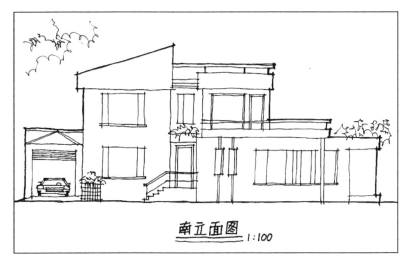

立面设计

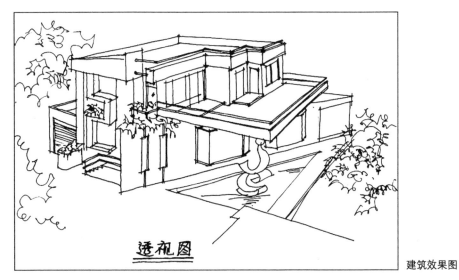

建筑效果图

图2-76　建筑设计草
图范例（续）
（作者：徐婧）

2.6 彩色铅笔建筑画技法

2.6.1 建筑彩色铅笔画训练任务

建筑彩色铅笔画任务是完成一组彩色铅笔画。

(1) 彩色铅笔建筑画训练目的

1) 掌握用彩色铅笔表现建筑物及建筑配景的方法与技巧，训练专业设计表达的能力。

2) 掌握构图原理，并通过图面设计，训练建筑画的构图能力。

(2) 彩色铅笔建筑画训练要求

1) 彩色铅笔建筑画训练内容：

①临摹；②写生。

2) 纸张与底稿线条要求：选择制图纸、水彩纸、皮纹纸、彩色制图纸、复印纸均可；墨线底稿。

(3) 彩色铅笔建筑画训练方法

选择图面信息量适中、透视关系明确、色彩丰富的优秀作品进行临摹。

(4) 彩色铅笔建筑画训练效果要求

1) 画面构图透视关系准确，建筑表达明确。

2) 突出彩色铅笔绘画的特点。

3) 图面富有空间层次，明暗、主从有序。

4) 底稿钢笔画线条排列有序，图面精美，特点突出。

(5) 彩色铅笔建筑画训练图纸规格：297mm×420mm

(6) 彩色铅笔建筑画训练时间：8 学时（课后 16 学时），训练参考图附后。

2.6.2 建筑彩色铅笔画的特点

彩色铅笔建筑画是近年来在行业中应用非常多的一种。其快速便捷，清晰明了的特点在业界备受欢迎。行业的需求应该成为高等教育应用型人才培养的方向，高校建筑类专业在手绘效果图技法的教学中应着重培养彩铅及马克笔表达的能力，以跟得上时代和行业对人才的需求（图 2-77）。

2.6.3 建筑彩色铅笔画的材料与工具

彩色铅笔建筑画的工具非常简单：彩色铅笔（要选择软硬适度的铅笔，纸面附着力强的，并且一般不选择国产彩色铅笔）。其次是起稿用墨线笔，可采用红环牌一次性针管笔，粗中细分开，也可以选用下水流畅的中性笔。此外，要准备几只重色马克笔画暗部，因为彩铅很难画重。纸可以选择绘图纸或复印纸。如图 2-78 所示。

图 2-77 彩色铅笔建
筑画——别
墅外观设计
(作者：李庆
江)

图 2-78 彩色铅笔

2.6.4 彩色铅笔的运笔方法 (图 2-79)

图 2-79 彩色铅笔的
运笔方法

2.6.5 建筑彩色铅笔画的画法

下面我们以一栋中式别墅为例，如图 2—80 所示。这里我们将铅笔起稿阶段省略，下一节将有详述。

首先，在墨线阶段要将建筑的形体概括准确，将建筑的暗面做少许笔触。

图 2—80 彩色铅笔画
作图步骤 1

其次：彩铅上色。

主要上物体的固有色，亮部暗部冷暖分开。尤其要注意彩铅上色不要太平均，要有变化，块面边缘颜色饱满，而中间部分颜色弱。注意材质的特点，如砖墙水面等。

图 2—80 彩色铅笔画
作图步骤 2

最后：充实细节。

彩色铅笔很难画重，所以要用几只重色马克笔作暗面的补充。此外，运用灰系的马克笔可以将彩铅柔润一下，将边界不清晰的地方去分清楚。

图 2—80 彩色铅笔画
作图步骤 3

2.6.6 彩色铅笔建筑画应注意的问题

1）不要将颜色上的过于平均，边缘饱和，中间要少一些。另外也不要过多而把颜色上的过腻。

2）准备几只重色马克笔画暗部，这一步不能省略。

3）铅笔的特点就是可轻可重，要善于运用这一特点。

2.6.7 建筑彩色铅笔画训练参考图（图 2—81～图 2—83）

图 2—81 彩色铅笔建
筑画（一）（作
者：暮春）

图 2-82 彩色铅笔建筑画（二）（作者：李庆江）

图 2-83 彩色铅笔建筑画（三）（作者：蔡惠芳）

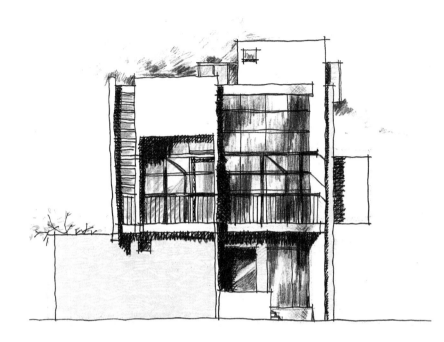

图 2-83 彩色铅笔建
筑画（四）（作
者：蔡惠芳）

2.6.8 建筑彩色铅笔画训练考核标准（见表 2-9）

表2-9

序号	考核项目	评分依据	评分范围	满分
1	构图	画面构图透视关系准确，建筑表达明确。构图严谨合理，图面和谐。	不符合扣分	10
2	表达	表达规范、正确，突出彩色铅笔绘画的特点图面整洁。	不正确扣分	10
3	效果	图面富有空间层次，明暗、主从有序。	不符合扣分	20
4	配景及天空	表现力强，与主题建筑取得和谐效果。	不正确扣分	10
5	图面	线条排列有序，图面精美，特点突出。	不符合扣分	10
6	工具使用维护	规范使用和保养工具，无损坏、无丢失。	实训中规范使用	10
7	功效	完成规定训练的全部任务。	按时间完成任务	10
8	工作态度	积极主动学习。	工作态度表现	10
9	在团队中的作用	良好的合作意识；积极配合；领导组织能力。	团队中起到作用	10
			合计	100

2.7 马克笔建筑画技法

2.7.1 马克笔建筑画训练任务

马克笔建筑画训练任务是完成一组马克笔建筑画的绘制。

（1）马克笔建筑画训练目的

①掌握用马克笔表现建筑物及建筑配景的方法与技巧，训练设计表达的能力。

②掌握构图原理，并通过图面设计，训练构图能力。

（2）马克笔建筑画训练要求

1）建筑马克笔画训练内容：

①临摹优秀建筑画作品

初学阶段，临摹是练习马克笔技法的最好方法，临摹优秀的作品，从中学习各种不同的表现形式。刚刚接触马克笔技法，对于颜色的协调和搭配，什么物体选择什么颜色来表达，还是有很多困惑的，临摹过程中，对于颜色的应用，虚实明暗关系的处理，就可以有了一定的概念，从中找到一些规律性的知识。

图 2-84　临摹作品

②实景写生

临摹一段时间后，对于马克笔技法也有了一定的了解。写生可以训练技法，锻炼画者对整个画面的控制，写生过程中要注意，重点表现主要部分，就是你所认为的画面中心是什么，想要重点刻画的是什么，要有主有次。同时将临摹时所学到的表现方法及规律融入其中，加以自己的理解，积累经验，为以后的设计和创作打下基础。

③设计与创作

作为一个专业从事设计的人来说，将自己的设计理念通过手绘表现出来，创作，设计才是最终的目的。但是，将自己的设计意图表现在纸上的前提，要有扎实的手绘基础，如果手绘基础不够好，就很难将自己的想法迅速的表现出来，所以，设计与创作的前提，就是要有扎实的手绘基础，能够将自己的想法真正的用画表现出来。

2）图纸要求：制图纸、复印纸、硫酸纸、铜版纸、有色纸。

3）图面线型要求：图稿要求上墨线。

(3) 马克笔建筑画学习选择图面信息量适中，透视关系明确的优秀作品进行临摹。

图 2-85 实景写生

(4) 马克笔建筑画作图标准

1) 钢笔底稿中建筑透视关系表达准确，画到位。

2) 图面富有层次、体积感，明暗变化大，重点突出。

3) 钢笔线条流畅，马克笔线条娴熟。

4) 图面精美，充分表达出建筑速写的特点。

(5) 马克笔建筑画图纸规格：297mm×420mm

(6) 马克笔建筑画训练时间：12学时（课后20学时）

2.7.2 马克笔建筑画的特点

马克笔建筑画的表现，与彩铅的特点非常相近，马克笔表现技法也同样具有快速便捷，清晰明了的特点。同样也是当前行业中最常用的表现技法之一。如图所示（图2-86）。

2.7.3 建筑彩色铅笔画的材料与工具

马克笔建筑画的工具并不复杂：马克笔（一般选用油性马克笔，不建议使用水性马克笔）。其次是起稿用墨线笔，要求与彩色铅笔的要求一致。纸也是可以选择绘图纸或复印纸，还可以选用硫酸纸，并且可以产生很艺术的效果。如图2-87所示。

图 2-86 马克笔建筑画——苏州园林（作者：张鸿勋）

图 2-87 马克笔建筑
画的材料

2.7.4 马克笔的运笔方法 (图 2-88、图 2-89)

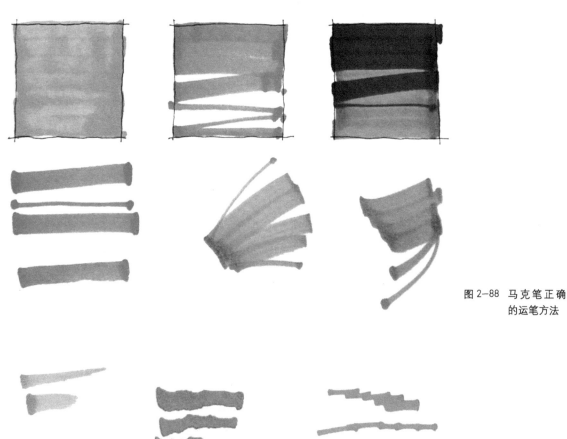

图 2-88 马克笔正确
的运笔方法

图 2-89 马克笔错误
的运笔方法

2.7.5 马克笔建筑画的画法

在计算机制图普遍应用于工程设计的今天，手绘表现设计思想、意图也是同样重要的。对于创意的快速表现、构思草图,都需要用直接、大胆的手法来诠释。马克笔作画快捷、色彩丰富、表现力强，它无疑是一种理想的工具。但马克笔也不是全能的工具，如果能与彩色铅笔混合使用，会产生更理想、更精彩的画面效果。

(1) 画小亭子

作画步骤如图 2-90 ~ 图 2-94 所示。

第一步：铅笔底稿

先用铅笔起一张草稿。既然是草稿，就一定会有很多不足的地方，所以不用急于上墨线，我们可以先上马克笔，在上马克笔的过程再用墨线慢慢用墨线笔改正草稿中不足的地方，最后整体的画面效果也会很好（图 2-90）。

图 2-90 马克笔建筑
画作画步骤
1 铅笔底稿

第二步：铺底色

首先将建筑物及配景的固有色，画面的素面关系表现出来，也就是将画面的明暗画出（图 2-91）。

图 2-91 马克笔建筑
画作画步骤 2
画出明暗关系

第三步：深入刻画

适当的用针管笔将画面物体的轮廓线标出，要有针对性，比如一些结构线，明暗交接线。深入刻画的同时，要注意画面中逐渐地融入环境色，如亭子的屋顶，用淡淡的草绿色涂上几笔，使整个画面看起来更加生动（图2-92）。

图2-92 马克笔建筑
画作画步骤
3 深入刻画

第四步：画配景

作画过程中，如果觉得画面缺点什么，可以适当地加入一些东西，例如画面中间的部分，加入的一小部分远处的树，看起来画面更丰富了（图2-93）。

图2-93 马克笔建筑
画作画步骤
4 画配景

第五步：调整画面

最后，要注意整个画面的各种关系，素描关系，将明暗分的很明确。近实远虚的关系，远处的树要比近处的显得灰一点，这样才能表现出主次和远近。天空用彩铅表现最合适不过了，简单的几笔，蔚蓝的天就呈现在画面上了。这样，一张马克笔建筑画就完成了（图2-94）。

图2-94 马克笔建筑
画作画步骤
5 调整画面

（2）画别墅

下面我们以一张水晶石数码科技公司制作的别墅效果图为例（图2-95）绘制一张马克笔效果图。这是一个日光下的别墅，建筑造型大方，环境优美。比较适合作为手绘效果图的蓝本。

图2-95 电脑建筑画

在绘制效果图之前我们来分析一下该建筑的素描及色彩关系（图 2-96）。红线标注的位置为建筑的亮面，一般以暖色为主；蓝色标注的位置为建筑的暗面，一般以冷色为主；绿色标注的位置为建筑的投影。只有将建筑的素描及色彩关系描绘准确才能画一张美观的马克笔效果图。

作图过程如图 2-97 所示。

受光面（亮部）

投影

图 2-96 建筑的素描
与色彩关系

第一步：铅笔起稿。

建筑的主要轮廓及主要配景，注意透视准确。不要过分强调细节。

图 2-97 马克笔作画
步骤 1

第二步：上墨线。

这一步要注意与前面的钢笔画有所区别，因为钢笔画主要靠钢笔来表达设计思想，而我们当前的马克笔墨线稿除了墨线的表达还有后期马克笔颜色的表达。我们此时要计划好哪部分用墨线表现，哪部分用马克笔表现。建筑轮廓可也用较粗的墨线笔。至于线条用不用直尺都可以，都有其自身的艺术效果。
在上墨线时可以适当加入建筑的明暗关系。

图2-97 马克笔作画
步骤 2

第三步：初步颜色

根据前面分析的建筑的素描及色彩关系上颜色以区分建筑的明暗对比及
色彩对比，将建筑的体积感表达出来，这一点有助于我们后面绘制的进行。颜
色不要太重，以浅色及建筑的固有色为主，适当绘制周边环境。切忌揪住一个
部分不放，颜色要整体，从大局着手。

图2-97 马克笔作画
步骤 3

第四步：深入刻画

这一步要将建筑的颜色、材质、投影深入刻画，并且要突出该建筑的中
心部分。关于表现材质方法可以查阅相关资料，并且在课余时间多多练习。

图 2-97 马克笔作画
步骤 4

第五步：调整、收尾

这一步在继续深入刻画的基础上做出相关调整，看看哪些还不够，哪些画过了，并且要看这些是否在服务画面，否则不论这一细节多么精彩也要舍弃。进一步描绘主体，相应描绘近景。最后可以用白笔、涂改液修正一下画过的部分。这样这张由马克笔绘制的建筑效果图就完成了。

图 2-97 马克笔作画
步骤 5

2.7.6 马克笔建筑画应注意的问题

1）要将建筑的主体效果及建筑的明暗、色彩对比作为首要的问题解决。在没有满足这一要求的前提下其他问题都没有意义。

2）马克笔的运笔过程中要有果断流畅的感觉，不可犹豫。

3）不要将颜色铺满纸面，适当留白，以满足颜色的对比需要。

4）在上色过程中多数为平涂，在中心位置可以适当加笔触，不要盲从当前有些资料中马克笔"甩笔触"的现象,不要为了表现而表现。并且"甩笔触"的画法尤其不适合初学者。

5）马克笔上颜色一般要由浅入深，太艳太重的颜色一般后上。不要叠加过多的颜色，以免画面太脏。

6）马克笔与彩色铅笔是一种很好的结合方式，当前也有许多资料可以查阅。

2.7.7　关于快速表现的电脑处理问题

当前行业中十分流行将草图方案在PHOTOSHOP中做一些后期处理。图2-98中的蓝天和配景树就是用PHOTOSHOP中的渐变效果绘制成的。这里要说的就是我们要达到一种效果表现手段并不重要，而达到表达设计的目的才是真正的，要善于利用身边的工具，不拘一格！

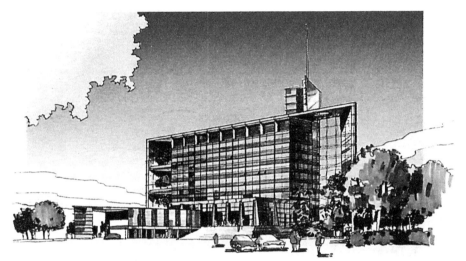

图 2-98　用电脑处理
的马克笔画

2.7.8　马克笔建筑画训练参考图 （图 2-99～图 2-109）

图 2-99　马克笔建筑
画（一）（作
者：蔡惠芳）

图2-100 马克笔建筑画（二）（作者：黄显亮）

图2-101 马克笔建筑画（三）（作者：李庆江）

图2-102 马克笔建筑画（四）（作者：李庆江）

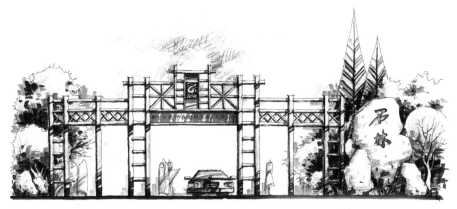

图 2-103 马克笔建筑
画（五）（作
者：李庆江）

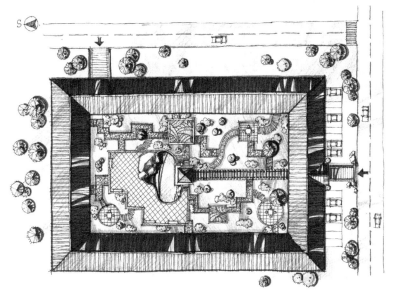

图 2-104 马克笔建筑
画（六）（作
者：李庆江）

图 2-105 马克笔建筑
画（七）（作
者：李庆江）

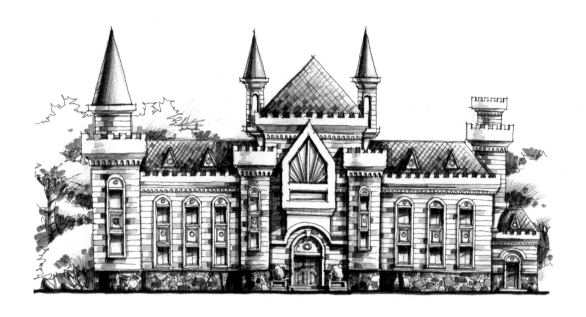

图 2-106　马克笔建筑画（八）（作者：李庆江）

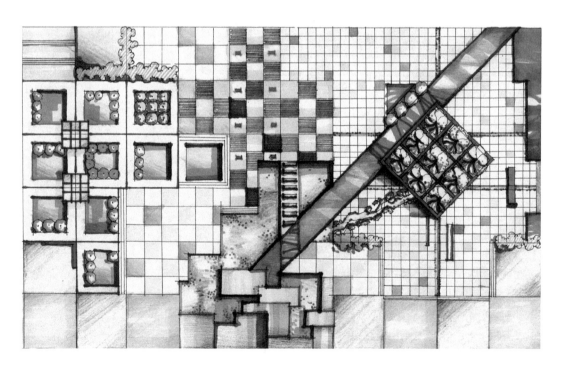

校 园 广 场 设 计

图 2-107　马克笔建筑画（九）（作者：戚余蓉）

图 2-108　马克笔建筑画（十）（引自《设计与表达》）

图 2-109　马克笔建筑画（十一）（引自《设计与表达》）

2.7.9 马克笔建筑画训练考核标准 (见表 2−10)

表2−10

序号	考核项目	评分依据	评分范围	满分
1	构图	构图严谨合理，透视准确。	不符合扣分	20
2	表达	表达规范、正确，图面整洁。	不正确扣分	10
3	运笔	笔触流畅，干净。	不符合扣分	10
4	画面效果	画面物体颜色正确，画面和谐，色调统一。	不正确扣分	20
5	工具使用维护	规范使用和保养工具，无损坏、无丢失。	实训中规范使用	10
6	功效	完成规定训练的全部任务。	按时间完成任务	10
7	工作态度	积极主动学习。	工作态度表现	10
8	在团队中的作用	良好的合作意识；积极配合；领导组织能力。	团队中起到作用	10
			合计	100

2.8 建筑水彩渲染画技法

2.8.1 水彩建筑画训练任务

水彩建筑画训练有三个任务，一是色块渲染，二是建筑规划图渲染，三是建筑画的绘制任务。

（1）建筑水彩渲染训练目的

1）掌握水彩渲染的方法与技巧，训练设计表达的能力。

2）利用构图的基本要素构图，培养建筑画的构图能力。

3）掌握色彩基本知识、美学原理，掌握不同材料、工具的表达方法。

（2）建筑水彩渲染要求

任务一　色块渲染训练

1）利用基本形体组成画面。

2）练习内容

①平涂；②退晕（单色、双色）；③叠加（单色、双色）。

3）材料准备：水彩纸、水彩、铅笔底稿。

任务二　建筑规划图渲染训练

1）利用教学范图，由教师讲解、示范，学生临摹作画过程。

2）练习内容：小区规划图渲染。

3）准备工作：裱水彩纸一张待用；做铅笔底稿；水彩颜料、毛笔画图。

任务三　建筑画渲染训练

1）利用教学范图，由教师讲解、示范，学生临摹作画过程。

2）练习内容：小建筑画渲染。

3）准备工作：裱水彩纸一张待用；做铅笔底稿；水彩颜料、毛笔画图。

(3) 训练方法

1) 版面设计。

2) 合理安排渲染步骤。

(4) 训练基本要求

1) 图面和谐：版面、色彩、厚薄。

2) 图面质量：平涂均匀；退晕没有笔痕、水迹、断层、对比明显；叠加次数多、过渡自然。

3) 图面精美，整洁。

(5) 图纸规格：360mm×500mm

(6) 作业时间：12学时（课后18课时）参考图附后。

2.8.2　色彩的基本知识

(1) 概述

1) 色彩是视觉信息。现实世界有着丰富的色彩，时刻影响着人们的生活，感染着人的情感，陶冶人的情操。学习和研究色彩的知识，能使人更深刻、全面、科学的认识色彩，改变人的视觉和思维方式，激发人的创造热情，丰富和充实人们的色彩资源，引导人们逐步走向自由驾驭色彩的天地。

2) 色彩是光的存在形式。没有光，什么都看不见，就没有色彩。

3) 色彩形成的三个基本条件：光、物体、人眼。人眼是色彩的接收器，人的视觉对380～780nm这一范围内的电磁辐射最为敏感，为可见光谱。光的波长与振幅决定着色彩的色相和明暗变化。波长最长的是红色，最短的是紫色。

4) 物体色和光：正常光线下，色彩总是通过一定的形态或一定的条件体现出来。人们周围的环境沐浴在光的氛围里，物体对光的反射、透射、吸收，刺激了人的视觉，产生了色的感觉，于是人们对某个物体总有一个固定的色彩印象。

固有色是一种常态日光照射下的物体色。而实际上绝对的固有色是难以确定的。因为任何一个物体置于一个光环境里，它不但要受投射光的影响，还会受周围环境中各种光线的影响。

物体反射全部波长的光——白色；

物体吸收全部波长的光——黑色；

严格意义上绝对的黑白是不存在的。但是一提到黑白，人们马上会联想到相应的物体，这是较成熟的视觉经验，这种色彩经验在设计和生活中具有广泛的意义。

以白色石膏为例，不用说，视觉印象是白色的，头脑中的概念也是白色。如果现在加上以下几个条件：①物体的性质；②光源；③物体的环境；④人的心境；⑤物体表面的肌理。这时白石膏所呈现的色彩就与人们头脑经验中的白色大不相同了，但归根到底，还会认为它是白色的。这是因为色彩的感觉不单单是来自眼睛的记录，它还受大脑思维的支配、心理的作用。

5）构成物体色彩现象的要素：一是发光物体（太阳或灯光）直射出来的色光。二是具有吸收和反射色光的物体。

光源分为：白色光、灯光、有色光。

物体分为：不透明、半透明、全透明。具有吸收光、半吸收光、反光等不同特性。

（2）色彩三要素

1）色相：是色彩的相貌。在可见光谱上人的视觉能感受到红、橙、黄、绿、蓝、紫不同特征的色彩，人们给不同的色定出不同的名称，提到某一色彩名称时就会有一个特定的色彩印象，这就是色相。色相一般由色相环表示（图2-110）。

图2-110 色相环

2）明度：又称亮度、光度、深浅度。明度指色彩的明亮程度，一般由明度轴表示。各种物体都存在着色彩的明暗状态。色彩浅明度高，色彩深明度低。无彩色中：白色明度最高，黑色明度最低，中间存在一个由浅到深的灰色系列（图2-111）。

图2-111 明度对比

3）纯度：有彩色中，任何一种纯度色都有着自己的明度特征。纯度指颜色的纯净程度，也称饱和度、鲜艳度。即指不掺黑白灰的颜色。纯度越高，颜色越鲜明。一种颜色加入其他颜色时纯度就产生了变化。加得多，纯度低（图2-112）。

图2-112 纯度对比

（3）色彩混合

色彩学中，色彩混合的目的是使初学者正确理解色彩不同的混合方式，及所带来的不同视觉现象。色彩混合有三种不同方法：

以光源为依据的色光混合（加色混合）

以颜料为依据的色料混合（减色混合）

以光和颜料为依据的空间混合（中性混合）

1）色光混合（加色混合）

是以色光三原色为基础的混合。色光三原色：红、绿、蓝。随着色光混合量的增加，色光明度也逐渐增加。全色光混合后明度最高时呈白色光（图2-113）。

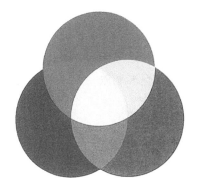
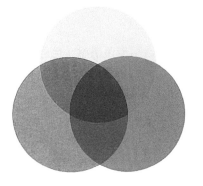

图 2-113　色光混合（左）
图 2-114　色料混合（右）

2）色料混合（减色混合）

色料混合是以颜料三原色为基础的混合，颜料三原色是：红、黄、蓝。这种混合因其加入混合色彩的增多，混合出的色，明度降低，被称为减色混合（图 2-114），也是它区别于色光混合的主要特征。

根据减色混合的原理，人们可以通过三原色得到间色、复色，以及其他更多的色彩。

3）空间混合（中性混合）

空间混合是由色彩斑点相交并置后，形成一种反射光的混合（图 2-115 中（1）、（2）、（3）、（4））。它是借助颜色排列而出现的色光现象，再经过人眼视网膜信息传递中形成的色彩混合效果。有广泛的应用价值。色彩空间混合有三大特点：

①近看色彩丰富，远看色调统一；

②色彩有颤动的光感；

③变化混合色比例，使用少量色可得到多色的配色效果。

图 2-115　空间混合（1）
　　　　　　（左）
图 2-115　空间混合（2）
　　　　　　（右）

图 2-115　空间混合（3）
　　　　　　（左）
图 2-115　空间混合（4）
　　　　　　（右）

(4) 色彩的心理学效应

1) 色彩的情感

色彩运用的最终目的是表达和传递情感。色彩本身无所谓情感，这里所说的色彩情感只是发生在人与色彩之间的感应效果。视觉经验与外来色彩刺激发生呼应时，就会在人的心理引发某种情绪。

2) 色彩的联想

红色——太阳、火焰、血液，使人感到兴奋、炎热、活泼、热情、健康、充实、饱满、有挑战性，活力及积极向上。

蓝色——天空、大海，使人感到平静、理智和纯洁，也是博大与永恒的象征。

2.8.3　建筑水彩渲染画的概念

建筑水彩渲染画用水调和水彩在特定的水彩纸上作画，建筑水彩渲染可以直观真实表现建筑的三维体量、色彩的过渡与变化、材料的质感和配景的丰富变化。建筑水彩渲染画是建筑画传统绘制方法之一。

2.8.4　建筑水彩渲染画特点

1) 画面色彩艳丽，明暗过渡、色彩过渡自然，要求作画者有较高的美术修养，技法熟练。

2) 颜料透明，色彩可以叠加。水彩画有丰富的色彩变化及艺术表现力。

3) 水彩画不宜修改，要求画者着色准确，具备一定的色彩造型能力。

2.8.5　建筑水彩渲染画的材料与工具

(1) 渲染用纸：水彩纸。水彩纸吸水性能适中，柔韧性好，可经受裱贴、反复晕染而不损坏。由于水彩渲染要使用大量的水作画，纸张遇水后会膨胀而变得凹凸不平，因而在作画前必须将纸张裱贴在图板上。

裱纸的方法和步骤（图2-116）：

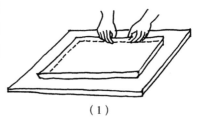

（1）

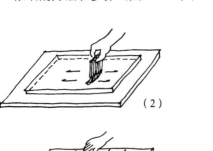

（2）

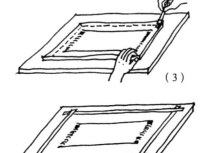

（3）

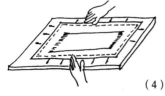

（4）

（5）

图2-116　裱纸的方法

1）取大小适宜的图板一块，水平放置，待用。

2）取水彩纸一张（要比正式图纸大 30 ～ 50mm），确定纸的正反面后，根据作画需要将纸的反面或正面朝上，放在图板上。

3）用排笔或毛巾蘸清水将纸面依次涂抹，洇湿后将图纸翻转，再用排笔或毛巾蘸清水将纸面涂抹。

注意：涂抹时避免纸张表面损坏、起毛。

4）待纸张充分吸水后，用毛巾平铺在纸张上，保持湿润。

5）在纸张四周涂上糨糊或乳白胶后，用双手在图纸的两侧同时拉、压，将图纸服帖地固定在图板上。

6）为更加稳妥地将图纸裱好，还可以在纸张的四周粘贴水胶带。

（2）渲染用笔

1）毛笔：为普通书写用毛笔，渲染时需要数支，选用大中小三个型号，狼毫为宜。

2）水彩笔、排笔、板刷：用于大面积的渲染（图 2—117）。

（3）渲染用其他材料工具（图 2—118）：

1）水彩颜料：普通水彩画颜料，12 ～ 18 色即可，使用时注意沉淀现象。

2）调色盒、小杯子、水桶等：用于渲染调色。

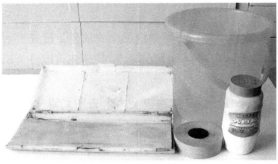

图 2—117 渲 染 用 笔
（左）
图 2—118 渲 染 用 其 他
工具（右）

2.8.6 建筑水彩渲染画的画法

（1）运笔方法：渲染的运笔方法大致有三种（图 2—119）。

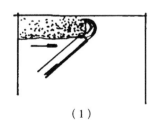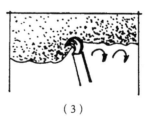

| （1） | （2） | （3） |

图 2—119 渲 染 运 笔
方法

1）水平运笔：用毛笔作水平移动，适宜于大面积平整表面的渲染。

2）垂直运笔：用毛笔作上下移动，适宜于画面中窄长部位的渲染。

3）环形运笔：用毛笔作环形移动，适宜于画面中的退晕渲染。环形运笔可起到对颜料在纸面上的调和作用,使前后两次不同浓淡的颜料不断均匀调和,从而达到画面柔和渐变的效果。

（2）渲染方法

1）平涂法：用一种颜色渲染成很均匀的效果，既没有色彩变化，也没有深浅变化。平涂法是最基本的渲染方法，平涂要求画面均匀。渲染时注意图板的坡度，从上至下渐次移动，用笔带动水分，借助水流把颜色均匀涂抹到图面上去（图2-120）。

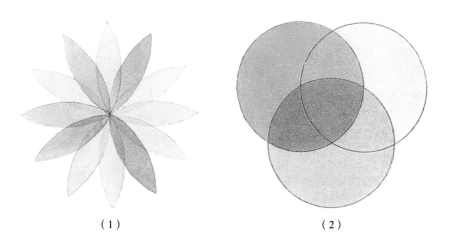

（1）　　　　　　　　　　　（2）

图2-120　渲染方法－平涂

2）退晕法：渲染过程中在颜料中不断地加水或加色，造成由明到暗或由深到浅的变化或从一种颜色过渡到另一种颜色。退晕法还可以分为明暗退晕法和色调退晕法。

A. 明暗退晕法：分为由深到浅（加水）退晕和由明到暗（加色）退晕。

①由深到浅（加水）退晕（图2-121）：调好一些较深的颜色水，从图面的上部开始渲染，运笔2～3排后向颜色水中加入一定数量的清水，用笔调匀后，继续渲染，再运笔2～3排后，再向颜色水中加入一定数量的清水，用笔调匀后，仍然继续渲染，依次类推，直至完成整个画面。因水分的不断加入，使画面出现由深到浅的变化。

②由明到暗（加色）退晕（图2-122）：调好一些较深的颜色水待用，取少许，用水调和后得到很浅的颜色水。用浅色水，从图面的上部开始渲染，运笔2～3排后向浅色水中加入一定数量的深色水，用笔调匀后，继续渲染，再运笔2～3排后，再向浅色水中加入一定数量的深色水，用笔调匀后，仍然继续渲染，依次类推，直至完成整个画面。因深色水的不断加入，使画面出现由浅到深、由明到暗的变化。

B. 色调退晕法：分为一次完成（图2-123）和两次完成（图2-124）。

①色调退晕一次完成法：调好两杯颜色水(颜色1和颜色2)，颜色水2待用。用颜色水1，从图面的上部开始渲染，运笔2～3排后向颜色水1中加入一定数量的颜色水2，用笔调匀后，继续渲染，再运笔2～3排后，再向颜色水1

图 2-121　渲染方法
明暗退晕——由深到浅

图 2-122　渲染方法
明暗退晕——由浅到深

图 2-123　渲染方法
色调退晕——一次完成

图 2-124　渲染方法
色调退晕——两次完成

中加入一定数量的颜色水 2，用笔调匀后，仍然继续渲染，依次类推，直至完成整个画面。因颜色水 2 的不断加入，使画面色彩不断地由颜色 1 向颜色 2 过渡。但无论如何，画面的最后色彩效果一定是颜色 1 和颜色 2 的混合色。

②色调退晕两次完成法：调好较浓的颜色水 1 待用。取少许，用水调和后得到很浅的颜色水，从图面的上部开始渲染，运笔 2～3 排后向浅色水中加入一定数量的深色水，用笔调匀后，继续渲染，再运笔 2～3 排后，再向浅色水中加入一定数量的深色水，用笔调匀后，仍然继续渲染，依次类推，直至完成整个画面。

调好较浓的颜色水 2 待用。等待第一次渲染晾干后，调转图板，进行第二次渲染。取颜色水 2 少许，用水调和后得到很浅的颜色水，从图面的上部开始渲染，运笔 2～3 排后向浅色水中加入一定数量的深色水，用笔调匀后，继续渲染，再运笔 2～3排后，再向浅色水中加入一定数量的深色水，用笔调匀后，仍然继续渲染，依次类推，直至完成整个画面。

经过两次独立的退晕渲染后，画面两端的色彩纯净，画面中间部位是颜色 1 和颜色 2 的混合色，过渡均匀、自然。

③叠加法：增加渲染次数，形成明暗变化（图2-125、图 2-126）。

调好一小杯颜色水，按平涂的方法在分好格子的画面上渲染一遍，待干后退后一格平涂第二遍，依次类推，直至完成。

图 2-125　渲染方法—
单色叠加

2.8.7 建筑渲染画作图步骤 （以小亭子的渲染为例 图2-127）

图2-126 渲染方法——双色叠加

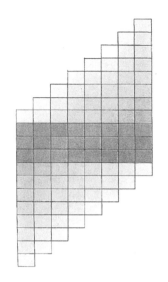

1）裱纸。清洁图板后，将裁好的水彩纸反面朝上放在图板上，用排笔或毛巾蘸清水将纸面依次涂抹，洇湿后将图纸翻转，再用排笔或毛巾蘸清水将纸面涂抹，让纸张充分吸水，膨胀。涂抹时避免将纸张表面损坏、起毛。

2）底图。用铅笔起底稿,注意保持画面整洁，避免笔尖划伤纸面。

3）大面着色。区分画面中的实体与背景，对天空、水面及建筑实体铺底色，区分出明暗与空间关系。这一步骤重在整体关系的处理，由于有以下的渲染步骤，因此，把握好渲染的程度，为下一步的深入和调整留有余地。

4）处理明暗关系。刻画建筑实体中各个受光面和背光面，突出建筑的体积效果。

5）细部刻画。刻画受光面的亮面、次亮面和中间色调，作出材料的质感。注意画水面时要水平方向运笔。

6）配景。最后画配景，注意不要喧宾夺主。

7）调整画面,完成全图。审视画面,从整体到局部是否明暗深浅统一协调,不协调，就要进行全面的调整，不够暗的加暗，以增加明暗对比，使画面更加生动。

图2-127 水彩渲染画

2.8.8 建筑水彩渲染画的注意事项

1) 裱纸前清洁工具，避免在纸上留下污渍。

2) 图板角度适当。坡度过小或过大水分很难控制，直接影响渲染效果。

3) 每次加水、加色数量相同、等距。

4) 色彩沉淀。

5) 叠加时，干后再上第二遍，以免破坏未干的颜色层。

6) 注意收边。两侧一边渲染一边收边，底边结束时用笔吸掉多余的水分。

7) 渲染时控制画面的水分，（带水画）避免干画。

8) 退晕时，注意调色的数量。否则退晕效果不明显或变化过快。

9) 退晕效果不明显，不要突然加水或加色。

2.8.9 建筑水彩渲染画的基本要求

1) 平涂要平整。

2) 退晕过渡自然、明暗对比鲜明。

3) 叠加次数多，变化大。

4) 收边整齐、自然。

5) 没有断层、水渍、笔痕及污渍。

6) 画面色彩构图协调，厚薄一致。

2.8.10 水彩建筑画训练任务参考图 (图 2-128、图 2-129)

图 2-128　色块渲染图

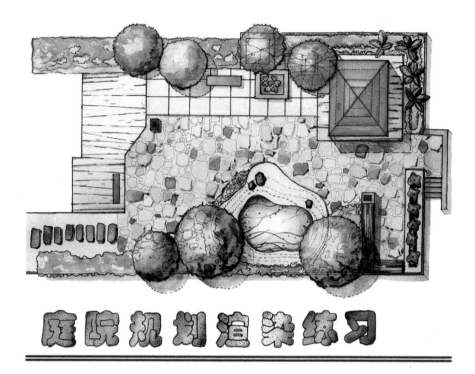

图 2—129　建筑规划渲染图

2.8.11　水彩建筑画训练考核标准（见表 2—11 ～表 2—13）

色块渲染训练考核标准　　　　　　　　　表2—11

序号	考核项目	评分依据	评分范围	满分
1	构图	构图严谨、构图大胆、灵活，图面和谐	不符合扣分	10
2	表达	表达规范、正确，图面整洁	不正确扣分	10
3	效果	渲染手法熟练，色彩搭配、厚薄一致	不符合扣分	20
4	创造力	构图均衡，组合巧妙、合理，具有创造性	不正确扣分	10
5	图面	平涂均匀；退晕没有笔痕、水迹、断层、对比明显；叠加次数多、过渡自然	不符合扣分	10
6	工具使用维护	规范使用和保养工具，无损坏、无丢失	实训中规范使用	10
7	功效	完成规定训练的全部任务	按时间完成任务	10
8	工作态度	积极主动学习	工作态度表现	10
9	在团队中的作用	良好的合作意识；积极配合；领导组织能力	团队中起到作用	10
			合计	100

建筑规划图渲染训练考核标准

表2—12

序号	考核项目	评分依据	评分范围	满分
1	构图	构图严谨合理	不符合扣分	10
2	表达	表达规范、正确，图面整洁	不正确扣分	10
3	效果	渲染手法熟练，色彩搭配、厚薄一致	不符合扣分	20
4	创造力	色彩组合巧妙、合理、具有创造性	不正确扣分	10
5	图面	平涂均匀、退晕没有笔痕、水迹、断层、对比明显、叠加次数多、过渡自然。图面表现力强	不符合扣分	10
6	工具使用维护	规范使用和保养工具，无损坏、无丢失	实训中规范使用	10
7	功效	完成规定训练的全部任务	按时间完成任务	10
8	工作态度	积极主动学习	工作态度表现	10
9	在团队中的作用	良好的合作意识；积极配合；领导组织能力	团队中起到作用	10
			合计	100

建筑渲染图训练考核标准

表2—13

序号	考核项目	评分依据	评分范围	满分
1	构图	构图严谨合理，图面和谐	不符合扣分	10
2	表达	表达规范、正确，图面整洁	不正确扣分	10
3	效果	渲染手法熟练，色彩搭配、厚薄一致	不符合扣分	20
4	配景及天空	表现力强，与主题建筑取得和谐效果	不正确扣分	10
5	图面主体建筑	平涂均匀、退晕没有笔痕、水迹、断层、对比明显、叠加过渡自然	不符合扣分	10
6	工具使用维护	规范使用和保养工具，无损坏、无丢失	实训中规范使用	10
7	功效	完成规定训练的全部任务	按时间完成任务	10
8	工作态度	积极主动学习	工作态度表现	10
9	在团队中的作用	良好的合作意识；积极配合；领导组织能力	团队中起到作用	10
			合计	100

复习思考题

1. 工具制图的工具有哪些，画线要领及要求。

2. 建筑表现技法的种类。

3. 建筑平面图、立面图、剖面图的画图步骤。

4. 工程字体的书写要领。

5. 建筑透视图的分类及求做方法。

6. 影响和制约建筑透视图效果的基本要素有哪些，如何调节。

7. 建筑速写的概念及特点。

8. 建筑速写的线条艺术表现力及画线要领。

9. 建筑速写的绘制过程。

10. 建筑钢笔画配景的画法。

11. 建筑草图的特点及画法。

12. 彩色铅笔建筑画的工具、画法、注意事项。

13. 马克笔建筑画的工具、画法、注意事项。

14. 水彩建筑画的工具、画法、注意事项。

3

教学单元 3　建筑设计与表现

教学目标

通过对本单元的学习，初步掌握建筑设计的类型及特点；掌握建筑设计的方法；熟悉建筑设计的步骤；掌握建筑设计的技巧以及建筑方案设计的表达方法；学会做小建筑方案设计。

建筑设计同所有设计一样，都是一种有目的的造物活动，是概念和因素转化为物质结果的必须环节。但是从专业特征的角度出发，建筑设计的过程自始至终贯穿着思维活动与图示表达同步进行的方式，因此要作一个好的设计，就必须对建筑及建筑设计有一个深入透彻的了解与认识，就需要有一个正确的设计方法。

3.1 建筑设计概述及特点

3.1.1 概述

建筑设计是建筑学专业学习的重要内容，建筑设计能力的提高需要长时期的锻炼，必须对建筑及建筑设计有一个深入透彻的了解与认识，同时还需要一个正确的设计方法与工作方法。

建筑设计一般大体可以分为三个阶段：方案设计、初步设计和施工图设计，即从建设单位提出建筑设计任务书一直到施工单位开始施工全过程。这三部分在相互联系、相互制约的基础上有着明确的职责划分。

方案设计作为建筑设计的第一阶段，担负着确立建筑的设计思想、意图，并将其形象化的职责，它对整个建筑设计过程所起的作用是开创性和指导性的。

初步设计和施工图设计则是在此基础上逐步落实其经济、技术、材料等物质需求，是将设计意图逐步转化成真实建筑的重要筹划阶段。

由于方案设计是建筑设计的最关键环节，方案设计得如何，这将直接影响到其后工作的进行，甚至决定着整个设计的成败。而方案能力的提高，则需长期反复地训练，由于方案设计突出的作用以及高等院校的优势特点，建筑学专业所进行的建筑设计的训练更多地集中于方案设计，以便学生有较多的时间和机会接受由易到难、由简单到复杂的多课题、多类型的训练，其他部分的训练则主要通过以后的实践来完成。

3.1.2 特点

(1) 创作性

所谓创作是与制作相对照而言的。制作是指按照一定的操作技法，按部就班地制造过程，其特点是行为的可重复性和可模仿性，如建筑制图、工业产品制作等；而创作属于创新创造范畴，所依托的是主体丰富的想象力和灵活开放的思维方式，其目的是以不断的创新来完善和发展其工作对象的内在功能或外在形式，这是重复、模仿等制作行为所不能替代的。

建筑设计的创作性是人（设计者和使用者）及建筑（设计对象）的特点属性所共同要求的，一方面建筑师面对的是多种多样的建筑功能和千差万别的地段环境，必须表现出充分的灵活开放性才能够解决具体问题与矛盾；另一方面，人们对建筑形象和建筑环境有着多品质和多样性的要求，只有依赖建筑师的创新意识和创造力才能把属纯物质层次的材料设备转化成为具有一定象征意义和情趣格调的真正意义上的建筑。

建筑设计作为一种高尚的创作活动，它要求创作主体具有丰富的想象力和较高的审美能力、灵活开放的思维方式以及勇于克服困难挑战权威的决心与毅力。对初学者而言，创新意识与创作能力应该是其专业学习训练的目标。

（2）综合性

建筑设计是科学、哲学、艺术、历史以及文化等各方面的综合，它涉及结构、材料、经济、社会、文化、环境、行为、心理等众多学科内容。因此作为一名建筑师，他不仅是建筑作品的主创者，更是各种现象与意见的协调者，由于涵盖层面的复杂性，建筑师除具备一定的专业知识外，必须对相关学科有着相当的认识与把握方能胜任本职工作，才能投入到自由的创作之中。

另外，建筑是由一个个结构系统、空间系统等构成的人类生活空间，如居住、商业、办公、学校、体育、表演、展览、纪念、交通建筑等等。如此纷杂多样的功能需求（包括物质、精神两个方面）我们不可能通过有限的课程设计训练做到——认识、理解并掌握。因此，学习到行之有效的方法、步骤和技巧就显得尤其重要。

（3）双重性

与其他学科相比较，思维方式的双重性是建筑设计思维活动的突出特点。建筑设计过程可以概括为分析研究——构思设计——分析选择——再构思设计……如此循环发展的过程，建筑师在每一个阶段（包括前期的条件、环境、经济分析研究和各阶段的优化分析选择）所运用的主要是分析概括、总结归纳、决策选择等基本的逻辑思维的方式，以此确立设计与选择的基础依据；而在各"构思设计"阶段，建筑师主要运用的则是形象思维，即借助于个人丰富的想象力和创造力把逻辑分析的结果发挥表达成为具体的建筑语言——三维乃至四维空间形态。因此，建筑设计的学习训练必须兼顾逻辑思维和形象思维两个方面，不可偏废。在建筑创作中如果弱化逻辑思维，建筑将缺少存在的合理性与可行性，成为名副其实的空中楼阁；反之，如果忽视了形象思维，建筑设计则丧失了创作的灵魂，最终得到的只是一具空洞乏味的躯壳。

（4）过程性

人们认识事物都需要一个由浅入深循序渐进的过程。对于需要投入大量人力、物力和财力，关系到国计民生的建筑工程设计更不可能是一时一日之功就能够做到的，它需要一个相当漫长的过程。需要科学、全面地分析调研，深入大胆地思考想象，需要不厌其烦地听取使用者的意见，需要在广泛论证的基础上优化选择方案，需要不断的推敲、修改、发展和完善。整个过程中的每一步都是互为因果，不可缺少的，只有如此，才能保障设计方案的科学性、合理性与可行性。

（5）社会性

尽管不同建筑师的作品有着不同的风格特点，从中反映出建筑师个人的价值取向与审美爱好，并由此成为建筑个性的重要组成部分；尽管业主往往是以经济效益为建设的重要乃至唯一目的。但是，建筑从来都不是私人的收藏品，因为不管是私人住宅还是公共建筑，从它破土动工之日起就已具有了广泛的社会性，它已成为城市空间环境的一部分，居民无论喜欢与否都必须与之共处，它对居民的影响是客观存在和不可回避的。建筑的社会性要求建筑师必须综合平衡建筑的社会效益、经济效益与个性特色三者的关系，努力寻找一种科学、合理与可行的结合点，只有这样，才能创作出尊重环境，关怀人性的优秀作品。

（6）矛盾性

建筑设计实质上是矛盾冲突与矛盾解决的过程，而矛盾的自身发展规律又决定了设计过程所面临的诸多问题总是相互交织在一起，从前期的设计条件与环境，方案设计中的功能、结构与形式的矛盾，它们互为依存，互相转化，旧的设计矛盾解决了，新的设计问题又上升为主要矛盾，方案总是这样在反复修改中深化，在仔细推敲中得到完善。

3.2 建筑方案设计的方法

在现实的建筑创作中，设计方法是多种多样的。针对不同的设计对象与建设环境，不同的建筑师会采取完全不同的方法与对策，并带来不同的甚至是完全对立的设计结果。因此在确立我们自己的设计方法之前，有必要对现存的各种不同的设计方法及其建筑观念有一个比较理性的认识，以利于自己设计方法的探索并逐步确立。

本文介绍的设计方法是建筑师常用的方法，具体可以归纳为先功能后形式和先形式后功能两大类。这两种设计方法均遵循这样一个过程，即经过前期任务分析阶段对设计对象的功能环境有了一个比较系统而深入的了解把握之后，再开始方案的构思，然后逐步完善，直到完成，两者的最大差别主要体现在方案构思的切入点与侧重点的不同。

3.2.1 先功能后形式

先功能是以平面设计为起点，重点研究建筑的功能需求，当确立比较完善的平面关系之后再据此转化成空间形象。这样直接"生成"的建筑造型可能是不完美的，为了进一步完善需反过来对平面作相应的调整，直到满意为止。

先功能的优势在于：其一，由于功能环境要求是具体而明确的，与造型设计相比，从功能平面入手更易于把握，易于操作，因此对初学者最为适合；其二，因为功能满足是方案成立的首要条件，从平面入手优先考虑功能势必有利于尽快确立方案，提高设计效率。

先功能的不足之处在于，由于空间形象设计处于滞后被动位置，可能会在一定程度上制约了对建筑形象的创造性发挥。

3.2.2 先形式后功能

先形式则是从建筑的型体环境入手进行方案的设计构思，重点研究空间与造型，在确立一个比较满意的形体关系后，再反过来填充完善功能，并对体型进行相应的调整，如此循环往复，直到确定为止。

先形式的优点是设计者可以与功能等限定条件保持一定的距离，更益于自由发挥个人丰富的想象力与创造力，从而不乏富有新意的空间形象的产生。

先形式的缺点是由于后期的补充、调整工作有相当的难度，对于功能复杂规模较大的项目有可能会事倍功半，甚至无功而返。

因此，该方法比较适合于功能简单，规模不大，造型要求高，设计者又比较熟悉的建筑类型。它要求设计者具有相当的设计功底和设计经验，初学者一般不宜采用。

需要指出的是，上述两种方法并非截然对立的，对于那些具有丰富经验的建筑师来说，二者甚至是难以区分的。当他先从形式切入时，他会时时注意以功能调节形式；而当首先着手于平面的功能研究时，则同时迅速地构想着可能的形式效果。最后,他可能是在两种方式的交替探索中找到一条完美的途径。

3.3 建筑方案设计的步骤

建筑方案设计的过程大致可以划分为任务分析、形成方案、方案确定、方案完善四个阶段，各阶段所面临的问题，解决的方法虽然有所不同，但不同阶段矛盾的相互渗透，相互影响，决定了各阶段又是模糊的，思考前一阶段的问题必定要涉及后一阶段设计工作的若干内容，而前一阶段设计成果也只有在后一阶段的研究过程中加以验证和完善。因此，各阶段顺序过程不是单向的一次性的，需要多次循环往复才能完成。

3.3.1 任务分析

任务分析是方案设计的第一阶段，其目的就是通过对设计要求、地段环境、经济因素和相关规范资料等重要内容的系统、全面的分析研究，为方案设计确立科学的依据。

（1）设计要求的分析

设计要求主要是以建筑设计任务书（或课程设计指导书）形式出现的，它包括物质要求（功能空间要求）和精神要求（形式特点要求）两个方面。

1）功能空间要求

①个体空间

一般而言，一个具体的建筑是由若干个功能空间组合而成的，各个功能空间都有自己明确的功能要求，为了准确了解和把握对象的设计要求，我们应对各个主要空间进行必要的分析研究，具体内容包括：

(a) 体量大小：具体功能活动所要求的平面大小与空间高度；

(b) 基本设施要求：对特有的功能活动内容确立家具、陈设等基本设施；

(c) 位置关系：自身地位以及与其他功能空间的联系；

(d) 环境景观要求：对声、光、热及景观朝向的要求；

(e) 空间属性：明确是私密空间还是公共空间，是封闭空间还是开放空间。

以住宅的起居室为例，它是会客、交往和娱乐等家庭活动的主要场所，其体量不宜小于 3m×4m×2.7m（即平面不小于 12m²，高度不小于 2.7m），以满足诸如沙发、电视、陈列柜等基本家具陈设的布置。它作为居住功能的主体内容，应处于住宅的核心位置，并与餐厅、厨房、门厅以及卫生间等功能空间有着密切的联系。它要求有较好的日照朝向和景观条件。相对住宅其他空间而言，起居室应属于公共空间，多以开放性空间来处理。

②整体功能关系

各功能空间是相互依托紧密联系的，他们依据特定的内在关系共同构成一个有机整体。我们常常用功能关系框图来形象地把握并描述这一关系（图 3-1）。

(a) 相互关系：是主次、并列、序列或混合关系。

(b) 对策方式：表现为树枝、串联、放射、环绕或混合等组织形式。

(c) 密切程度：是密切、一般、很少或没有。

(d) 关联方式：体现为距离上的远近以及直接间接或隔断等关联形式。

2）形式特点要求

①建筑类型特点

不同类型的建筑有着不同的性格特点。例如纪念性建筑给人的印象往往

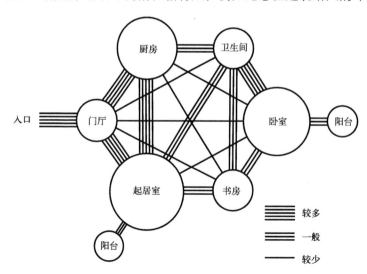

图 3-1　功能关系分析图

是庄重、肃穆和崇高的，因为只有如此才足以寄托人们对纪念对象的崇敬仰慕之情；而居住建筑体现的是亲切、活泼和宜人的性格特点，因为这是一个居住环境所应具备的基本品质。如果把两者颠倒过来，那肯定是常人所不能接受的。因此，我们必须准确地把握建筑的类型特点，是活泼的还是严肃的，是亲切的还是雄伟的，是高雅的，还是热闹的等。

②使用者个性特点

除了对建筑的类型进行充分的分析研究以外，还应对使用者的职业、年龄以及兴趣爱好等个性特点进行必要的分析研究。例如，同样是别墅，艺术家的情趣要求可能与企业家有所不同；同样是活动中心，老人活动中心与青少年活动中心在形式与内容上也会有很大的区别。又如，有人喜欢安静，有人偏爱热闹，有人喜欢简洁明快，有人偏爱曲径通幽，有人喜欢气派，有人偏爱朴素等等，不胜枚举，只有准确地把握使用者的个性特点，才能创作出为人们所接受并喜爱的建筑作品。

（2）环境条件的调查分析

环境条件是设计的客观依据。通过对环境条件的调查分析，可以很好地把握、认识地段环境的质量水平及其对设计的影响，分清哪些条件因素是应充分利用的，哪些条件因素是可以通过改造而得以利用的，哪些因素又是必须进行回避的。具体的调查研究应包括地段环境、人文环境和城市规划设计条件三个方面。

1）地段环境

（a）气候条件：四季冷热、干湿、雨晴和风雪情况；

（b）地质条件：地质构造是否适合工程建设，有无抗震要求；

（c）地形地貌：是平地、丘陵、山林还是水畔，有无树木、山川湖泊等地貌特征；

（d）景观朝向：自然景观资源及地段日照朝向条件；

（e）周边建筑：地段内外相关建筑状况（包括现有及未来规划的）；

（f）道路交通：现有及未来规划道路及交通状况；

（g）城市方位：城市的空间方位及联系方式；

（h）市政设施：上下水、暖、电、讯、气等管网的分布及供应情况；

（i）污染状况：相关的空气污染、噪声污染和不良景观的方位及状况。

据此，我们可以得出对该地段比较客观、全面的环境质量评价。

2）人文环境

（a）城市性质规模：是政治、文化、金融、商业、旅游、交通、工业还是科技城市；是特大、大型、中型还是小型城市。

（b）地方风貌特色：是文化风俗、历史名胜还是普通的地方建筑。

（c）周围街区特征：是历史保护街区还是高科技开发区等等。

人文环境为创造富有个性特色的空间造型提供必要的启发与参考。

3）城市规划设计条件

该条件是由城市管理职能部门依据法定的城市总体发展规划提出的，其目的是从城市宏观角度对具体的建筑项目提出若干控制性限定与要求，以确保城市整体环境的良性运行与发展。主要内容有：

(a) 后退红线距离：为了满足所临城市道路（或邻建筑）的交通、市政及日照景观要求。限定建筑物在临街（或邻建筑）方向后退用地红线的距离。

(b) 建筑高度：建筑檐口高度。

(c) 容积率要求：地面以上总建筑面积与总用地面积之比。

(d) 绿化率要求：用地内绿化面积与总用地面积之比。

(e) 停车量要求：用地内停车位总量（包括地上下）。

城市规划设计条件是建筑设计所必须严格遵守的重要前提条件之一。

(3) 经济技术因素分析

经济技术因素是指建设者所能提供用于建设的实际经济条件与可行的技术水平。它是确定建筑的档次质量、结构形式、材料应用以及设备选择的决定性因素，是除功能环境之外影响建筑设计的第三大因素。在方案设计入门阶段，由于所涉及的建筑规模较小，难度较低，并考虑到初学者的实际程度，经济技术因素可以不放在考虑的范围内。

(4) 相关资料的调研与搜集

学习并借鉴前人正反两个方面的实践经验，了解并掌握相关规范制度，既是避免走弯路，走回头路的有效方法，也是认识熟悉各类型建筑的最佳捷径。因此，为了学好建筑设计，必须学会搜集并使用相关资料。结合设计对象的具体特点，资料的搜集调研可以在第一阶段一次性完成，也可以穿插于设计之中，有针对性地分阶段进行。

1) 实例调研

实例调研的选择应本着性质相同、内容相近、规模相当、方便实施，并体现多样性的原则，调研的内容包括一般技术性了解（对设计构思、总体布局、平面组织和空间造型的基本了解）和使用管理情况调查（对管理使用两方面的直接调查）两部分。最终调研的成果应以图、文形式尽可能详尽而准确地表达出来，形成一份永久性的参考资料。

2) 资料搜集

相关资料的搜集包括规范性资料和优秀设计图文资料两个方面。

建筑设计规范是为了保障建筑物的质量水平而制定的，建筑师在设计过程中必须严格遵守这一具有法律意义的强制性条文，在我们的课程设计中同样应做到熟悉掌握并严格遵守。对我们影响最大的设计规范有日照规范，消防规范和交通规范。

优秀设计图文资料的搜集与实例调研有一定的相似之处，只是前者是在技术性了解的基础上更侧重于实际情况的调查，后者仅限于对该建筑总体布局、平面组织、空间造型等技术性了解。但简单方便和资料丰富则是后者的最大优势。

以上所着手的任务分析可谓内容繁杂，头绪众多，工作起来也比较单调枯燥，并且随着设计的进展会发现，有很大一部分的工作成果并不能直接运用于具体的方案之中。我们之所以坚持认真细致一丝不苟地完成这项工作，是因为虽然在此阶段我们不清楚哪些内容有用哪些无用，但是我们应该懂得只有对全部内容进行深入系统地调查、分析、整理，才可能获取所有的对我们至关重要的信息资料。

3.3.2 形成方案

一个好的方案设计总是高度地发挥想象力，不断进行创作立意、创作构思与多方案比较的结果。特别是在方案设计开始阶段的立意与构思具有开拓的性质，它对设计的优劣、成败具有关键性的作用。因此，准确的立意、独特的构思与多方案比较往往是出色的建筑创作的胚胎。

（1）方案立意

"意在笔先"是一切艺术创作的普遍规律，建筑创作也不例外。所谓立意即是确立创作主题的意念，这种意念不是凭空而生，也不是冥思苦想，它有赖于设计者在全面而深入的调查研究基础上，运用他的建筑哲学思想，灵感与想象力，知识与经验等，对他所要表达的创作意图进行决断。建筑哲学思想即是对建筑的总的观点，它常常是立意的高层次出发点。一些世界著名的建筑师在建筑创作的生涯中都是以自己的建筑哲学观指导对建筑的创作。

范斯沃斯住宅的立意是密斯·凡·德·罗（Mies van der Rohe）基于"同一性"空间理论设计出对现代建筑具有影响的作品（图 3—2a、b）。

图 3—2　范斯沃斯住宅

（a）　　　　　　　　　　　　　　　（b）

萨伏伊别墅的立意是勒·柯布西耶（Le Corbusier）基于"新建筑五点"的建筑理论对现代建筑发展的探索（图 3—3）。

日本福冈银行本店的立意是黑川纪章（Kisho Kurokawa）基于"灰空间"的理论表达他对日本建筑传统观念的追求（图 3—4）。

图 3—3　萨伏伊别墅（左）

图 3—4　日本福冈银行（右）

图 3-5　流水别墅

(a)　　　　　　　　　　　　　　　(b)

　　流水别墅的立意是赖特基于"有机建筑"的理论表达了人对大自然的向往（图 3-5 (a)、(b)）。

　　由此可见，一座能在建筑发展史上产生深刻影响的建筑物无不是建筑师哲学观念的物化，要想使创作立意高深，运用建筑理论作为指导是何等重要。想象力对于建筑创作的立意而言是不可缺少的心理活动。很难设想，一个想象力很贫乏的建筑师能够在创作的立意上达到很高的境界。其实，想象力人皆有之，只是具体到每一个人却因开发利用的不同而大相径庭。特别是创造想象对于不同的人差别就更大。创造想象是人们在创造活动中独立地去构成新形象的过程，它与创造思维有密切联系。创造想象参与到创造思维中，结合过去的经验创造新的形象、提出新的见解，是开展创造性活动的关键。从一般的想象力上升到创造想象是建筑创作立意的必由之路。它往往使人对建筑产生无限的遐想和回味无穷的魅力。

　　灵感在创作立意中虽属偶然性的灵机一动，但只要善于抓住这瞬息即逝的"偶然"机缘就会使混沌的思路茅塞顿开，从而产生某种新的意念。这种"踏破铁鞋无觅处，得来全不费功夫"的创作现象是复杂思维活动的一种表现形式。对创作过程能起到积极的推动作用。

　　灵感从现象上看是偶然因素在起支配作用，但必然性如果没有丰富的知识经验积累，而坐等偶然因素来触发灵感就如同守株待兔一样毫无希望。从哲学的意义上来说，偶然性寓于必然性之中，这就是灵感的产生必须建立在知识和经验的积累上的。

　　(2) 方案构思

　　方案构思是方案设计过程中至关重要的一个环节，是紧扣立意，以独特的、富有表现力的建筑语言达到设计新颖而展开的发挥想象力过程。是借助形象思维的力量，在立意的理念思想指导下，把第一阶段分析研究的成果落实成为具体的建筑形态，由此完成了从物质需求到思想理念再到物质形象的质的转变。

　　构思贵在创新，不少初学者误以为在建筑形式上标新立异，就是一个好的构思，因此，追求形式很容易成为初学者方案构思的手段。但建筑创作不单限于形式处理，因为建筑学已经深入社会的各个领域，全面地反映社会、政治、经济、文化、技术等的变化，在学科上它已跨越生态学、社会学、行为学、心理学、美学以及技术科学等领域。所有这些方面，既是进行建筑创作的构思源泉，又对设计起着限制与约束的作用。因此,好的构思是设计师对创作对象的环境、功能、形式、技术、经济等方面最深入的综合,而不仅仅是凭空的想象和标新立异。那么创新如何得来,除了平时的学习训练外,充分的启发与适度的形象"刺激"是必不可少的。比如,可以通过多看(资料),多画(草图),多做(草模)等方式来达到刺激思维,促进想象的目的。

方案构思可以通过下面几种渠道来拓宽,形成一个方案的雏形。

1) 从环境入手进行方案构思

建筑物总是存在于某一特定环境中,环境所以成为构思源泉之一,就是因为建筑师的创作"灵感"一旦离开了对建筑周围环境的分析研究,建筑创作往往就成了无源之水、无本之木。因此,许多有成就的建筑师历来十分重视建筑与环境的结合,把环境作为创作的首要出发点。

现代著名建筑大师赖特的代表作流水别墅,它在认识并利用环境方面堪称典范。该建筑选址于风景优美的熊跑溪边,四季溪水潺潺,树木浓密,两岸层层叠叠的巨大岩石构成其独特的地形、地貌特点。赖特在处理建筑与景观的关系上,不仅考虑到了对景观利用的一面——使建筑的主要朝向与景观方向相一致,成为一个理想的观景点,而且有着增色环境的更高追求——将建筑置于溪流瀑布之上,为熊跑溪增添了一道新的风景。他利用地形高差,把建筑主入口设于一二层之间的高度上,这样不仅车辆可以直达,也缩短与室内上下层的联系。最为突出的是,流水别墅富有构成韵味(单元体的叠加)的独特造型与溪流两岸层叠有秩、棱角分明的岩石形象有着显而易见的因果联系,真正体现了有机建筑的思想精髓。图3-6为赖特设计的流水别墅平面。

世界著名建筑师贝聿铭的三个设计杰作:美国波士顿的约翰汉考克大楼,华盛顿国家美术馆东馆和巴黎卢佛尔宫改建,都是把环境中新旧建筑的有机结合作为建筑创作构思的主要矛盾。只是表现形式不同而已。

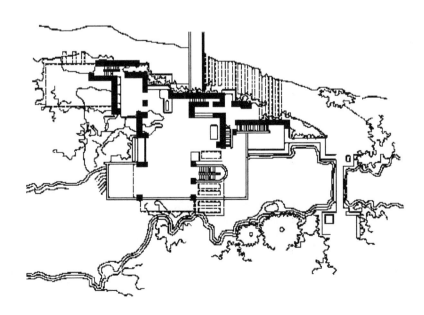

图3-6 流水别墅平面

约翰汉考克大楼位于教堂之旁，贝聿铭为了消除两者形象上的对立，将大楼全部覆盖反射镜面玻璃,其构思在于通过反射天空使大楼具有茫然消失感，而对教堂一面的玻璃幕墙却因反射作用而使古典教堂虚实相映，新旧建筑兼容并存。图 3-7 (a)、(b) 为约翰汉考克大楼。

(a)

(b)

图 3-7 约翰汉考克大楼

在华盛顿美术馆东馆的方案构思中，地段环境尤其是地段形状起到了举足轻重的作用。该用地呈契形，位于城市中心广场东西轴北侧，其契底面对新古典式的国家美术馆老馆（该建筑的东西向对称轴贯穿新馆用地）。在此，严谨对称的大环境与非规则的地段形状构成了尖锐的矛盾冲突。设计者紧紧把握住地段形状这一突出的特点，选择了两个三角形拼合的布局形式，使新建筑与周边环境关系处理得天衣无缝。分析如下：其一，建筑平面形状与用地轮廓呈平行对应关系，形成建筑与地段环境的最直接有力的呼应；其二，将等腰三角形（两个三角形中的主体）与老馆置于同一轴线之上，并在其间设一过渡性雕塑（圆形）广场，从而确立了新老建筑之间的真正对话。由此而产生的雕塑般有力的体块形象、简洁明快的虚实变化使该建筑富有独特的个性和浓郁的时代感。图 3-8 (a)、(b)、(c) 为华盛顿美术馆东馆平面及实景。

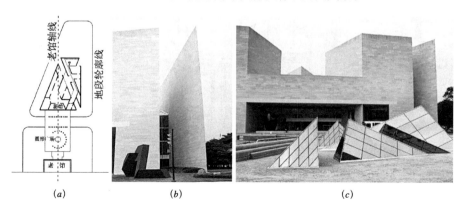
(a)   (b)   (c)

图 3-8 华盛顿美术馆东馆平面及实景

巴黎卢佛尔宫扩建工程在新旧建筑如何在环境中形成有机整体更是一个难题。然而，作者别出心裁地将扩建部分的 5 万 m^2 内容全部设计在地下，仅在原有建筑群中心广场上建一个 32m 见方 20m 高的玻璃金字塔，作为地下部分的入口，不但解决了功能问题，而且在环境处理上给旧建筑群增添了光彩（图 3-9）。

图 3-9　巴黎卢佛尔宫扩建部分

2）从建筑功能入手进行方案构思

建筑功能的图示表达方法实质上是建筑平面的设计，每一建筑都有自身特定功能所决定的平面形式，建筑创作就是要妥善解决各种功能问题，这往往是进行方案构思的主要突破口之一。

由密斯设计的巴塞罗那国际博览会德国馆。它之所以成为近现代建筑史上的一个杰作，功能上的突破与创新是其主要的原因之一。空间序列是展示性建筑的主要组织形式，即把各个展示空间按照一定的顺序依次排列起来，以确保观众流畅和连续地进行参观浏览。一般参观路线是固定的，也是唯一的。这在很大程度上制约了参观者自由选择浏览路线的可能。在德国馆的设计中，基于能让人们进行自由选择这一思想，创造出具有自由序列特点的"流动空间"，给人以耳目一新的感受。图 3-10（a）、（b）为巴塞罗那国际博览会德国馆。

流线是公共建筑平面设计的重要内容之一，特别是对于博览类建筑而言，如何巧妙组织流线、根据流线合理组织空间，从而获得富有个性的建筑设计

图 3-10　巴塞罗那国际博览会德国馆

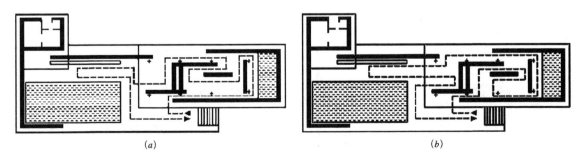

(a)　　　　　　　　　　　　　　　(b)

是平面构思的重要渠道。博览建筑结合流线处理的平面构思最典型实例莫过于出自赖特之手的纽约古根海姆美术馆。赖特以"组织最佳展览路线"的立意，创造性地把展示空间设计为一个环绕圆形中庭缓慢旋转上升的连续空间，先将观众用电梯送至顶层，然后顺坡步行而下，展览路线从上而下一气呵成，使观众保持连续的观赏情绪和注意力，并使其建筑造型别具一格（图3-11(a)、(b)、(c)）。

平面构思的突破并不是以功能发展的要求为唯一前提，在大量各类公共建筑中，即使是设计者早已熟知的功能关系也有一个突破固有模式的平面构思

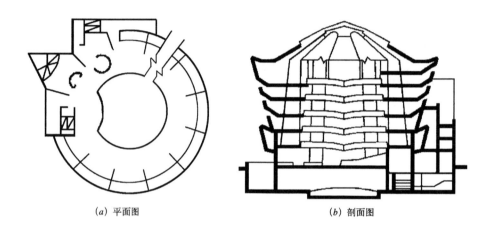

(a) 平面图   (b) 剖面图

(c)

图3-11 古根海姆博
物馆

问题，它往往成为形成方案个性的触发点。例如，学校建筑中的教室平面多为矩形，但矩形教室却存在着或是视距偏远（纵向长时）或是边缘视角偏大（横向长时）的弊病。但北京四中教室的平面却独具匠心地采用六边形平面构思，其缘由在于根据学生观看黑板的视角、视距而决定最佳平面形式，即教室后部的三条边和视距（8.5m）所控制的弧形相顺应教室前面的两条斜边与视线基本吻合。六边形比矩形更接近有效功能空间，面积利用更充分，变宽度走道在教室门口留出供人流缓冲的角落。而多个六边形组成的教学楼则创造了丰富多变的形体和新颖活泼的外观。因此，平面构思一旦在科学的基础上突破传统模式，必定能创造出新颖的设计成果（图3-12 (a)、(b)）。

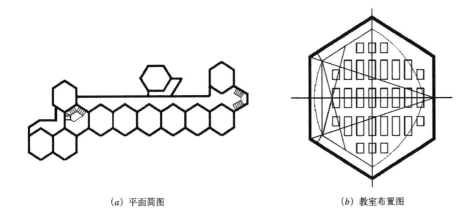

(a) 平面简图　　　　　　　　　　(b) 教室布置图　　　　　图3-12 北京四中

除了从环境、功能入手进行构思外，依据具体的任务需求特点、结构形式、经济因素乃至地方特色均可以成为设计构思可行的切入点与突破口。另外需要特别强调的是，在具体的方案设计中，同时从多个方面进行构思，寻求突破（例如同时考虑功能、环境、经济、结构等多个方面），或者是在不同的设计构思阶段选择不同的侧重点（例如在总体布局时从环境入手，在平面设计时从功能入手等等）都是最常用、最普遍的构思手段。这样既能保证构思的深入和独到，又可避免构思流于片面，走向极端。

(3) 多方案比较

1）比较的必要性

多方案比较是建筑设计的本质反映。建筑设计与其他学科最大区别之一就是结果没有唯一性与明确性，认识和解决问题的方式结果是多样的、相对的和不确定的。只能从若干结果中寻找到一个相对满意的答案。这就决定了方案设计要从多路子中去探索，而不能陷入一个方案的冥思苦想之中。

多方案比较也是建筑设计目的性所要求的。无论是对于设计者还是建设者，方案比较是一个过程而不是目的，其最终目的是取得一个尽善尽美的实施方案。然而，我们又怎样去获得这样一个理想而完美的实施方案呢？我们知道，要求一个"绝对意义"的最佳方案是不可能的。因为在现实的时间、经济以及技术条件下，我们不具备穷尽所有方案的可能性，我们所能够获得的只能是"相对意义"上的，即在可及的数量范围内的"最佳"方案。在此，唯有多方案比较是实现这一目标的可行方法。

多方案比较对于初学者来说可以开拓思路，有效提高设计能力。虽然设计之初花费了相当的时间和精力做方案比较工作，似乎对被淘汰的方案做了很多无用功，但是，有比较才有鉴别，只有通过方案比较才能验证所选择的方案具有可靠性和可发展性。只要方案设计从开始就选准了方向，以后的设计工作就会较为顺利，就可避免走弯路从而提高设计效率。

2）比较的原则和要求

（a）多方案比较一定要建立在方案起步和方案生成所论述的基础上进行，否则就失去了比较的条件。同时，多方案比较必须是在两个或两个以上的方案中进行，并且不能为追求多方案的数量而使各比较方案特征差异甚微，这就失去了比较的意义，应提出数量尽可能多，差别尽可能大的方案，相当的数量保障了科学选择所需要的足够空间范围，而差异性则保障了方案间的可比较性。

（b）设计者在方案生成一开始不能束缚自己手脚，要放开思路，从多种可能性中抓住各不相同的设计特征去探索每一比较方案，而不拘泥于其中哪怕是很明显的缺点，不要急于完善。这些不相同的设计特征可以表现为功能布局上的突出特点，也可以表现为空间处理上的独到之处，或者表现为造型上的与众不同。

3）比较的方法与选择

当完成多方案后，我们将展开对方案的比较，从中选择出理想的发展方案。

（a）比较基本的设计要求（包括功能、环境、结构等诸因素）是否满足。这是鉴别一个方案是否合格的起码标准。一个方案无论构思如何独到，如果不能满足基本的设计要求，也绝不可能成为一个好的设计。

（b）比较个性特色是否突出。一个好的方案应该是优美动人的，缺乏个性的方案肯定是平淡乏味，难以打动人的，因此也是不可取的。

（c）比较修改调整的可能性。虽然任何方案或多或少都会有一些缺点，但有的方案的缺陷尽管不是致命的，却是难以修改的，如果进行彻底的修改使方案面目全非失去原有特点和优势，则这种方案应属淘汰之列。

（d）在方案比较方法掌握熟练之后，并不一定需要将所有探讨的方案——画出，一个成熟的建筑师由于他的设计经验丰富、分析判断力过人，他的方案比较工作常常在脑海中就进行着，并从中选择出最为优化的方案。

3.3.3 确定方案

在经过前期对有关资料和各种信息进行分析及确定了建筑立意和构思及方案的比较后，建筑设计方案就有了一个总的概念，接下来的工作就是如何紧紧围绕着构思，通过建筑手段将其转化为具体的建筑方案，在多方案的比较中，确定一个最合理、有潜力的方案了。方案的确定主要表现为以下几个方面。

(1) 合理功能的确定

功能关系是建筑设计的主要问题，如医院的交通路线交叉，是医院设计致命的功能问题，必须加以调整，尽可能在原构思不变，外部轮廓、建筑面积乃至基本造型都没有多大变化的情况下，把平面功能调整合理。图 3-13 是一个独立式住宅平面的最初方案，设计者发现这种平面对居住生活有不便之处，主要反映在楼梯位置、餐厅与厨房等关系上，它们相互有干扰，可以在此基础上做适当调整（图 3-14）。

图 3-13 独立式住宅平面的最初方案（左）
图 3-14 独立式住宅平面调整后的方案（右）

在确定功能关系是否合理方面，应注意：

1）每个房间的平面形状、尺度、房间高度、门窗大小、位置、数量、开启方向等。

2）交通空间的联系与组织。

3）平面组合设计。

4）建筑的采光、日照、通风等物理要求。

(2) 竖向空间变化的确定

从建筑剖面反映建筑物竖向的内部空间关系和结构支撑体系。

1）确定合理的竖向高度尺寸，主要是指确定建筑各层层高，建筑室内外高差，建筑体型宽高尺寸，屋面形式与尺寸及立面轮廓起伏尺寸等。

2）研究确定建筑内容、空间形式与利用，对建筑的夹层剖面和错层剖面进行研究，以及中庭空间剖面的研究和剖面中潜在空间的利用与开发等。

3）通过剖面对影剧院等观众厅室内的视线起坡、音质等建筑物理问题进行设计。

4）通过剖面确定建筑的结构和构造形式、做法和尺寸等。

5）通过建筑剖面对坡地等特殊地形的利用。

(3) 场地规划指标

城市规划对建筑设计有许多要求，如建筑物高度和建筑间距的控制；消防及道路红线的要求；用地内容积率、绿化率的要求。这些指标在确定方案时应严格核实。

(4) 建筑形体的确定

建筑具有科学与艺术的双重性。建筑形体设计不可避免地要涉及。立面设计应以三维空间的概念审视立面诸要素的设计内容，而不仅仅限定在二维的立面图表达上，所以，在进行立面设计时要有一个总的概念，将每一个立面都看做是建筑物主体的四个面中的一个面，设计时应从整个建筑高低、前后、左右、大小入手，把四个立面统一组合起来考虑，既注意四个立面间的统一性，又要注意变化。

不同的建筑是由不同的空间所组成，并且他们的形状、尺寸、色彩、质感等方面各不相同，因而在立面上也应得到正确的反映，并突出建筑不同的气质，我们做立面设计往往是通过对建筑立面的多样性、轮廓、材料与色彩等问题结合形式美的构图规律进行处理研究，来最终体现所追求的立面意图和效果。

建筑立面的具体设计可以从几个方面来体现：

1）建筑立面的个性表达；

2）建筑立面的轮廓；

3）建筑立面的虚实关系；

4）建筑立面的材质、色彩；

5）建筑立面各部分的比例；

6）建筑立面的尺度。

3.3.4 完善方案

此时的方案虽然是通过比较选择出的最佳方案，但此时的设计还处在大想法、粗线条的层次上，某些方面还存在着这样或那样的问题。为了达到方案设计的最终要求，还需要一个调整和深入的过程。

(1) 方案的调整

方案调整阶段的主要任务是解决多方案分析、比较过程中所发现的矛盾与问题，并弥补设计缺项。

此时的方案无论是在满足设计要求还是在具备个性特色上已有相当的基础，对它的调整应控制在适度的范围内，只限于对个别问题进行局部的修改与补充，力求不影响或改变原有方案的整体布局和基本构思，并能进一步提升方案已有的优势水平。

(2) 方案的深入

到此为止，方案的设计深度仅限于确立一个合理的总体布局、交通流线组织、功能空间组织以及与内外相协调统一的体量关系和虚实关系，要达到方案设计的最终要求，还需要一个从粗略到细致刻画、从模糊到明确落实、从概念到具体量化的进一步深化的过程。

深化过程主要通过放大图纸比例，由面及点，从大到小，分层次分步骤进行。方案构思阶段的比例(以小型建筑设计为例)一般为 1：200 或 1：300，到方案深化阶段其比例应放大到 1：100 甚至 1：50。在此比例上，首先应明确并量化其相关体系、构件的位置、形状、大小及其相互关系，包括结构形式、建筑轴线尺寸、建筑内外高度、墙及柱宽度、屋顶结构及构造形式、门窗位置及大小、室内外高差、家具的布置与尺寸、台阶踏步、道路宽度以及室外平台大小等具体内容，并将其准确无误地反映到平、立、剖及总图中来。该阶段的工作还应包括统计并核对方案设计的技术经济指标，如建筑面积、容积率、绿化率等等，如果发现指标不符合规定要求须对方案进行相应调整。其次应分别对平、立、剖及总图进行更为深入细致的推敲刻画。具体内容应包括总图设计中的室外铺地、绿化组织、室外小品与陈设，平面设计中的家具造型、室内陈设与室内铺地，立面图设计中的墙面、门窗的划分形式、材料质感及色彩光影等。

在方案的深入过程中，除了进行并完成以上的工作外，还应注意以下几点：

第一，各部分的设计尤其是立面设计，应严格遵循一般形式美的原则，注意对尺度、比例、均衡、韵律、协调、虚实、光影、质感以及色彩等原则规律的把握与运用，以确保取得一个理想的建筑空间形象。

第二，方案的深入过程必然伴随着一系列新的调整，除了各个部分自身需要适应调整外，各部分之间必然也会产生相互作用、相互影响，如平面的深入可能会影响到立面与剖面的设计，同样立面、剖面的深入也会涉及平面的处理，对此应有充分的认识。

第三，方案的深入过程不可能是一次性完成的，需经历深入——调整——再深入——再调整，多次循环过程，这其中所体现的工作强度与工作难度是可想而知的。因此，要想完成一个高水平的方案设计，除了要求具备较高的专业知识、较强的设计能力、正确的设计方法以及极大的专业兴趣外，细心、耐心和恒心是其必不可少的素质品德。

3.4 建筑方案设计的技巧

当初学者在了解了方案设计的方法和步骤，并进行了几个方案设计以后，便会提出如何尽快提高设计能力的问题。

应该说，设计能力是对设计者素质的综合评价，这些素质包括增强空间意识，熏陶艺术修养，扩大知识领域，积累信息贮量，活跃思维想象，掌握分析方法，善于综合归纳，敏锐观察能力，拓展兴趣爱好，提高动手能力等等。这些多项素质条件只有在长期的设计实践中才能逐步具备起来。有了这些素质基础，再进一步提高设计能力，掌握设计技巧便是至关重要的了。它不但意味着可以提高设计效率，而且是衡量设计者是否成熟起来的重要标志。那么如何掌握和提高方案设计的技巧，善于同步思维便是其中的关键。

3.4.1 同步思维的重要性

建筑设计实质上是一个解决矛盾的过程，矛盾的自身发展规律决定了设计过程所面临的诸多问题总是相互交织在一起。它们互为依存，互相转化，旧的设计矛盾解决了，新的设计问题又上升为主要矛盾，方案总是这样在反复修改中深化，在仔细推敲中完善。因此，设计的思维方式就不应是孤立地看待问题，应是用联系起来的观点处理设计过程所面临的所有问题。

建筑设计过程包含了若干阶段，各阶段所面临的问题，解决的方法都有所不同。但是，不同阶段矛盾的相互渗透，相互影响，决定了设计阶段又是模糊的。正因为如此，思考前一阶段的问题必定要涉及后一阶段设计工作的若干内容。而前一阶段设计成果也只有在后一阶段的研究过程中加以验证和完善。因此，设计阶段的模糊性就决定了思维方式的同步特征。

建筑设计是研究环境、建筑和人的协调关系，这是一个涉及众多知识领域的复杂大系统。在这个大系统中，设计要想独立地进行工作是不可能的，它需要其他学科的协作，其他工种的配合。因此，设计过程中对问题的思考不能不与其他学科的知识交织在一起，这也决定了同步思维的必要性。

3.4.2 环境设计与单体设计同步思维

本书从建筑设计方法清晰地阐述了环境设计——单体设计——环境设计的全过程。两次环境设计的区别在于前一次环境设计是设定设计条件，为单体设计的展开寻求一个环境框架，设计操作是粗线条的。后一次环境设计是设计目标的完善，使单体设计达到内外环境完美的有机结合，设计推敲是细致的。这就是说，任何一个建筑设计都是从环境设计入手。同时，又必须注意到，单体建筑既是最终要达到的设计目标，又是初始环境设计的因素。而进入单体设计时，环境设计的初始成果就成了单体设计的限定条件。一旦设计方案被认可，反过来又成为环境再设计的现状条件。如此思维螺旋形的上升，使环境设计深化到新的层次。

许多初学设计者常常掌握不了这种规律，总是一开始就钻进单体设计的思考中，对环境条件缺乏认真深入的分析，导致建筑设计方案违背了许多环境条件的限定，最终使单体建筑本身失去了环境特色和个性，变成放在任何地方似乎都可以说得过去的通用设计模式。这是初学设计者容易犯的通病。

由此可见，环境设计与单体设计始终应该是互为因果，紧密关联的，这就决定了当我们分别进行环境设计和单体设计时，虽然呈现出阶段性，但思考问题却是同步的。例如在方案起步时，既要分析环境的外部条件，又要分析单体建筑的内部要求。两者结合起来才能使环境设计成为有目标的设计，使单体设计成为有限定条件的设计。

当思考环境设计中场地规划时，更需要结合单体建筑体量组合的方式，功能分区的要求，所应创造的环境气氛，个性特征等诸多问题，两者在同步思考中互相调整关系。以期产生最佳方案的选择。从设计操作的现象看起来，我们是在研究环境设计中的问题，可是脑子里却在不断思考单体建筑的种种条件，这就是同步思维的特征。

反之，当研究单体建筑设计时，则要时时联系到前一阶段环境设计提出的设定条件。例如，场地入口大体限定了单体建筑的主入口位置，相应也确定了门厅的布局，由此影响到方案建构的框架。又如，环境设计中日照间距规定了建筑物的高度限制，容积率规定了建筑物的体量控制，绿化面积指标规定了建筑物占地的范围等等。在思维过程中，倘若忽视这些环境条件的要求，单体建筑设计必定是一个有缺陷的设计。为了弥补这种缺陷，势必又要从头反思设计过程，并对已做过的设计工作进行更为困难的调整，正如做一件新衣服容易，而改一件旧衣服却要大费脑筋一样。这就相对拉长了设计周期，降低了设计效率。因此，从设计方法上加强环境设计与单体设计同步思维的技巧训练，是提高设计能力的有效途径之一。

3.4.3　平面设计与空间设计同步思维

多数建筑设计一开始为了在错综复杂的矛盾中理出较清晰的头绪，总是从平面设计开始，确切地说是从对功能布局的思考开始的。因为，平面设计一般最能表示出建筑物各部分的功能关系和空间关系。设计者只要弄清楚设计对象的功能关系，经过理性分析总能获得一个功能关系图，进而发展为平面方案的框架。但是，初学设计者往往从此陷入平面设计中不能自拔，直至平面方案确定下来，才开始考虑造型和立面、剖面的设计。可是，一旦把平面的方案矗立起来，却发现造型不十分理想，甚至需要大动手术进行修改。为了推敲造型使之满意，不得不回过头来调整花了许多精力而获得的平面方案。这就使设计过程走了曲折之路。

当进行造型推敲或立面设计时，往往又不以平面设计为依据，自以为造型或立面很理想，可是与平面布局又自相矛盾，形式与内容相冲突，造成立面或造型上一些虚假的处理。

一个设计技巧性的问题是，当你入手做平面设计时，一定要预先思考一下设计对象的造型特征有何构思想法，体量组合大体上有一个什么样的关系。用这种空向的设定条件制约平面布局的发展。当然，对造型的思考有时要涉及对剖面的初步研究。这样，以平面设计为先导，同时思考剖面、造型的制约条件。这就把平面设计和空间设计同步进行了考虑。说明功能关系是决定平面设计的重要条件，但不是唯一条件。空间设计对平面设计同样起到不可忽视的作用。反之，造型、立面、剖面设计不仅仅需要从建筑艺术上进行推敲，也需要从平面设计中进行验证和制约。从表面现象看，我们是在不停地进行平面设计，可是头脑里却时时在想建筑内外空间的形象问题。通过这种平面与空间的反复同步思维，使平面设计与空间设计逐步达到有机结合的程度。

同样，当我们在设计操作上不断地推敲立面、造型时，头脑里也要始终考虑到平面设计的条件，或者这种立面、造型设计要符合平面设计的布局要求，做到形式与内容统一。或者从立面、造型设计的要求考虑，及时调整平面设计的布局关系。如此反复同步思维也是为了使空间设计与平面设计达到高度的和谐统一，任何截然把两者分开进行思维的设计方法只能导致设计方案的失败。

3.4.4 建筑设计与技术设计同步思维

任何一座建筑物的设计都需要建筑专业与其他技术专业紧密配合。作为建筑设计方案的确定也必定是以结构、水、暖、电等技术条件的满足为前提。因此，建筑设计与技术设计的紧密关系是不言而喻的。

作为方案设计过程，设计者对其他专业的思考当然不能深入到技术设计阶段或施工图阶段的要求，但是，为了不使方案给设计后期的其他专业参与带来困难，甚至被否定，应尽可能地在方案初始阶段给予认真考虑，特别是结构专业对方案的制约尤其应给予重视。例如，当平面布局大体确定之后，就应思考结构格网的建立。因为，结构与建筑的关系如同人的骨骼与肉体的关系一样不可分离。只有通过结构格网的调整，才能使方案建立在可行的基础之上，而不是仅按功能呈无逻辑的拼凑。

对于较大空间的结构造型思考在方案一开始就是必要的。因为，它不仅影响内部空间形态，而且也将影响外部造型。甚至以结构造型产生方案特色的设计更是从设计一开始就将建筑设计与结构设计紧密同步思维产生的结果。

3.5 建筑方案设计的表达方法

方案的表现是建筑方案设计的一个重要环节，方案表现是否充分，是否美观得体，不仅关系到方案设计的形象效果，而且会影响到方案的社会认可。依据目的性的不同方案表现可以划分为推敲性表现与展示性表现两种。

推敲性表现是建筑师为自己所表现的，它是建筑师在各阶段构思过程中所进行的主要外在性工作，是建筑师形象思维活动的最直接、最真实的记录与展现。它的重要作用体现在两个方面：一方面，在建筑师的构思过程中，推敲性表现可以以具体的空间形象刺激强化建筑师的形象思维活动，从而诱发更为丰富生动的构思的产生；另一方面，推敲性表现的具体成果为建筑师分析、判断、选择方案构思确立了具体对象与依据。

3.5.1 推敲性表现

(1) 草图表现

建筑创作的思维过程需要运用徒手勾画草图的方式，把头脑中模糊的，不确定的意象明朗化，把构思、灵感以及对设计的全面思考及时记录下来，这些徒手勾画成了设计创作过程的最好踪迹。同时，在勾画草图过程中，思维又不断得到设计反馈，从而修正、深化思维本身。这种双向的互逆作用过程把建筑设计逐步推向成熟。由此看来，勾画草图在设计过程中起着十分重要的作用。我们从设计者勾画草图的娴熟程度就可知他设计功底的深浅。因此，要想提高设计能力，必须提高勾画草图的能力。根据设计阶段的不同要求，合理选用工具尤为重要。

1）创作构思阶段

处在这一阶段的思维是创作欲极盛时期，设计者通过对设计对象的环境、功能、技术的认识和理解，引发出的创作灵感会像泉涌一般，但灵感上的火花也可能稍纵即逝。为了及时捕捉这种内在灵感，需要迅速记录下来。因此，笔下线条应奔放不羁，完全是一种写意的表达，适于这种表达方式的工具以粗的软铅笔或炭笔最佳。因为它可以不拘泥细节的刻画，流畅的线条不会抑制思维的流动。有时，设计者一边思维，一边用粗笔勾画，纸上似乎一团乱麻，但是，设计者头脑却十分清醒，反映出思维相当敏捷，出手相当迅速，只有这样才能加速思维的发散。如果手头功夫不过硬，再有好的想法也画不出来，或者工具用的不得法，采用细铅笔，画出的僵硬线条就会阻滞思维活跃起来，使创作思维麻木，最终使建筑设计走向无创作新意的死胡同。

2）方案分析阶段

此时，创作思维开始从意念走向图形，但对问题的思考仍然是粗线条的，从环境分析到功能分析，都是从整体上去把握设计方向，而顾及不上对细节问题的思考。因此，此时仍以粗的软铅笔或炭笔勾画草图为宜，它只表述诸因素的关系，而不肯定它们的形。这样有助于帮助思维从乱麻般的思绪中理出条理。一旦方案雏形需要逐步明晰起来时，就需要一次一次地修改，而方案每前进一步都是前一设计成果的基础上发展起来的。适应这种工作的要求，宜采用半透明纸一遍一遍地蒙在先前的草图上进行修改。这样，修改速度既快，又不会修改走样。

3）方案确定阶段

当方案确定下来后，就要着手研究平面中各房间的形状，相互关系，以及门窗位置尺寸；剖面上各部分空间大小高低以及立面上墙面划分，门窗安排，细部处理等等。所有这些都要给予较肯定的答复。因此，设计工作便不能停留在徒手软铅笔勾画草图上，应该用规矩和软硬适度的铅笔正式描绘一遍，以便纠正徒手勾画中尺寸不准的部分，并将若干细节问题进行调整。当需要再修改方案时，又可以在这规矩草图的基础上，利用半透明纸徒手（或规矩）进行，直至方案认可为止。

总之，在使用工具方面应注意铅笔的软硬结合，徒手与规矩结合的方法。凡是当思考尚未成熟，处于探索性工作时，宜用软铅笔徒手勾画草图，凡是需要推敲细部问题时，宜用规矩和软硬适度的铅笔进行绘图。

（2）草模表现

与草图表现相比较，草模表现则显得更为真实、直观而具体，由于充分发挥三维空间可以全方位进行观察的优势，所以对空间造型的内部整体关系以及外部环境关系的表现能力尤为突出。

草模表现的缺点在于，由于模型大小的制约，观察角度以"空对地"为主，过分突出了第五立面的地位作用，而有误导之嫌。另外由于具体操作技术的限制，细部的表现有一定难度。

（3）计算机模型表现

近几年来随着计算机技术的发展，计算机模型表现又为推敲性表现增添了一种新的手段。计算机模型表现兼顾了草图表现和草模表现两者的优点，在很大程度上弥补了它们的缺点。例如它既可以像草图表现那样的进行深入的细部刻画，又能使其表现做到直观具体而不失真；它既可以全方位表现空间造型的整体关系与环境关系，又有效地杜绝了模型比例大小的制约等等。

计算机模型表现的主要缺点是对学生的计算机专业知识要求较高，操作技术也有相当的难度，对低年级学生不太现实。

（4）综合表现

所谓综合表现是指在设计构思过程中，依据不同阶段、不同对象的不同要求，灵活运用各种表现方式，以达到提高方案设计质量的目的。例如在方案初始的研究布局阶段采用草模表现，以发挥其整体关系、环境关系表现的优势；而在方案深入阶段又采用草图表现，以发挥其深入刻画的特点。

3.5.2 展示性表现

展示性表现是指建筑师针对阶段性的讨论，尤其是最终成果所进行的方案设计表现。它要求该表现应具有完整明确、美观得体的特点，以保障把方案所具有的立意构思、空间形象以及气质特点充分展现出来，从而最大限度地赢得评判者的认可。因此，对于展示性表现尤其是最终成果表现除了在时间分配上应予以充分保证外，应注意以下几点：

（1）绘制正式图前要有充分准备

绘制正式图前应完成全部的设计工作，并将各图形绘出正式底稿，包括所有文字、图标、图例以及人、车、树等衬景。在绘制正式图时不再改动，以保障将全部力量放在提高图纸的质量上。应避免在设计内容尚未完成时，即匆匆绘制正式图。那么乍看起来好像加快了进度，但在画正式图时图纸错误的纠正与改动将远比草图中的效率低，其结果会适得其反，既降低了速度，又影响了图纸的质量。

（2）注意选择合适的表现方法

图纸的表现方法很多，如铅笔线、墨线、颜色线、水墨或水彩渲染以及粉彩等等。选择哪种方法，应根据设计的内容及特点而定。最初设计时，由于表现能力的制约，应相对采用一些比较基本的或简单的画法，如用铅笔或钢笔线条，平涂底色，然后将平面中的墙身、立面中的阴影部分及剖面中的被剖部分等局部加深即可。亦可将透视图单独用颜色表现。总之，表现方法的提高也应按循序渐进的原则，先掌握比较容易和基本的画法，以后再去掌握复杂的和难度大的画法。

（3）注意图面构图

图面构图应以易于辨认和美观悦目为原则。如一般习惯的看图顺序是从图纸的右上角向左下角移动，所以在考虑图形部位安排时，就要注意这个因素。又如在图纸中，平面主要入口一般都朝下，而不是按"上北下南"来决定。其他如文字、说明等的书写亦均应做到清楚整齐，使人容易看懂。

图面构图还要讲求美观。影响图面美观的因素很多，大致可包括：图面的疏密安排，图纸中各图形的位置均衡，图面主色调的选择，树木、人物、车辆、云彩、水面等衬景的配置，以及标题、文字的位置和大小等等，这些都应在绘制前有整体的考虑，或做出小的图样进行比较。在考虑上述问题时，要特别注意图面效果的统一，因为这恰恰是初学者容易忽视的，如衬景画得过碎过多，或颜色缺少呼应，以及标题字体的形式、大小不当等等，这些都是破坏图面统一的原因。总之，图面构图的安排也是一种锻炼，这种构图的锻炼有助于建筑设计的学习。

3.6 小建筑设计

根据前五节的介绍与说明，初学者对方案设计的几个重要的方面有了一定的认识和了解，但这种认识和了解仅仅停留在文字表面和部分片段上，对如何完成一项完整的方案设计没有一个过程的训练，那么在本节将通过一个小建筑设计将方案设计的全过程展现给大家。

小建筑设计任务书

设计名称：公园餐饮店

设计要求：结合地形条件和周围环境，为人们提供良好的就餐环境，功能布局合理，立面造型别致（此地形为城市公园一角，如图3-15所示）。

设计内容：建筑面积40m²，面积上下浮动5m²，主要内容有饮食间、备餐间、外卖窗口和收银台。

设计成果：总平面图1：100，平面图1：50，立面图1：50，剖面图1：50，透视图。

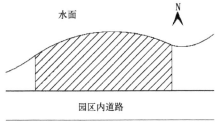

图3-15 地形条件图

3.6.1 解读设计任务书，完成任务分析

（1）充分解读任务书中的设计内容

从设计任务书中可以看出这是一个规模较小，功能布局较简单，立面造型紧密结合环境的餐饮店，或者可以称之为园林建筑小品。

（2）外部条件分析

外部条件分析是由外向内分析制约设计的各种因素，从中得出个别条件因素对展开设计产生的影响。

1）根据所给定的道路情况分析车行和人行流线、方向及主次关系，为场地设计确定出入口找到依据。

2）根据地形条件分析，特别是用地范围内有水面要着重分析利弊关系，如何利用水面，回避不利的因素，做到建筑与环境的融合。

3）根据朝向和景观条件分析，对于建筑所处的位置是否对公园的景观和视线产生影响，是否存在不和谐甚至相悖的因素在里面。

4）根据北方地区气候特点及当地的建筑特点、建筑风格和建筑材料等进行分析，以便为设计的平面布局、风格特点、建筑色彩和材料提供重要依据。

（3）内部条件分析

内部条件分析是由内向外分析制约设计的各种因素，即从设计任务书规定的各项设计内容进行功能和空间形式的分析，作为设计的走向。

内部条件分析最重要的是功能分析。确定设计内容的功能配置关系，饮食间与备餐间的关系，备餐间与外卖口间的关系，外卖口与建筑出口的关系，饮食间与收银台的关系（图3-16）。

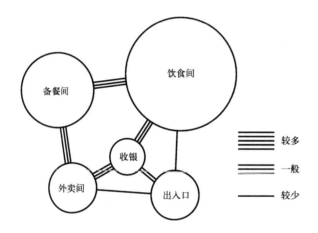

图3-16 功能分析

3.6.2 进行方案的立意、构思和比较，形成初步方案

（1）立意构思

从条件分析可以看出，此设计可以划归为园林建筑或城市小品之列，创作思路是相当宽阔的，关键是抓住什么来立意构思。无疑餐饮店是建筑小品是主要的意图，从环境和小品的关系去探寻构思的渠道，将小品放入环境中完全可以起到点缀城市景观的作用，这样才能展开设计的脉络。

（2）场地设计

通过解读任务书、条件分析以及立意构思这一系列步骤，下一步就可以进入方案设计阶段，方案设计的起步是场地设计，任何一个设计都有特定的地形条件，因此场地设计是进行方案设计的前提条件。

场地设计包含出入口选择和场地规划。

1）出入口选择

出入口是外部空间进入场地的通道，位置的选择事关方案设计的走向。

设计任务书所给定的地形是公园湖的堤岸处，一侧为主要的对外通道，所有的人流和车流均沿着这条道路流动，因此餐饮店场地的入口应迎合这一条唯一的陆地通道而开向道路，体现场地入口选择的目的性。

2）场地规划

在进行方案设计之前就从整体的角度出发，结合给定的地形条件，考虑餐饮店在场地的位置及大小关系。因此餐饮店位置选择在湖岸边，并充分结合水面探入水中，达到与环境的完美结合（图 3-17）。

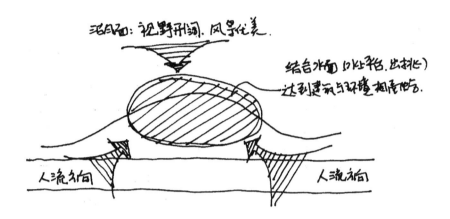

图 3-17　场地分析

(3) 功能布局

经过场地设计确定了餐饮店的位置，下一步就进入了建筑方案的实质性创作阶段，按正常的设计步骤从平面设计开始，确切地说就是从功能布局的思考开始的。这时就是从先前的内部条件分析中找出餐饮店各部分内容的功能关系和空间关系。餐饮店的出口面向场地的出入口，外卖口紧邻出口也面向场地出入口，饮食间是餐饮店的最重要的部分，因此位置选择在景观和朝向最好的临湖一侧，那么收银台和饮食间联系紧密，并考虑用餐者用餐、买单、出门的流线关系，位置选择在靠近出口处，备餐间既要考虑饮食间又要兼顾外卖口，因此位置选择在两者之间（图 3-18、图 3-19）。

图 3-18　平面功能关系

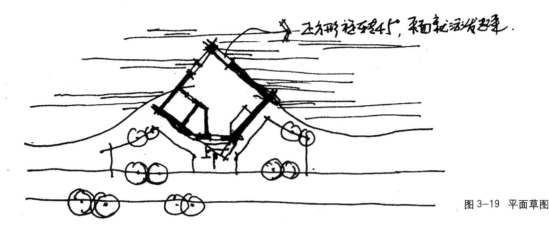

正方形旋转45°，稻花活发名率.

图 3-19　平面草图

（4）立面造型

在本章第 4 节方案设计技巧中提到的平面设计与空间设计同步思维，其实在功能布局之时就已经开始了，主要反映在功能与形式的关系上，餐饮店从功能角度来看就是满足用餐、备餐、外卖的要求以及它们之间的相互关系；而形式的表达在本设计中就显得尤为重要，餐饮店处在公园内，紧邻湖边，要想使餐饮店完全融于环境中，必须根据环境特点考虑造型处理的手段，餐饮店必须按照园林建筑小品轻盈小巧的形式来体现，并且充分结合水面，平面以正方形旋转 45 度，将一角伸向水面，使建筑的体量更显轻巧，利用构架出檐形成四坡锥顶，从而创造出亲切、自然、宜人的立面造型（图 3-20）。

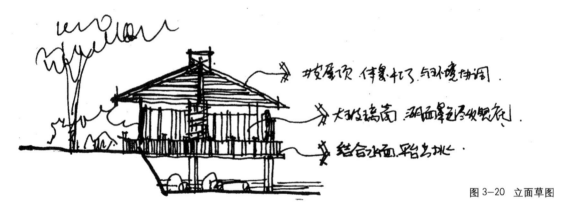

坡屋顶 体象轻巧，与环境协调.

大标高 湖面蓖色尽收眼底.

结合水面，略为挑.

图 3-20　立面草图

3.6.3　确定方案

经过方案的立意、构思和形成初步方案后，接下来的工作就是对形成的初步方案进行功能、剖面、指标和形体的修改和调整，最后确定一个最合理、有潜力的方案。

（1）平面

根据任务书对建筑面积的要求，以及建筑资料集对餐饮店各项指标的要求，按照一定的比例关系确定房间的平面形状、尺度、房间高度、门窗大小、位置、数量、开启方向等，以及交通空间的联系与组织（图 3-21，图 3-22）。

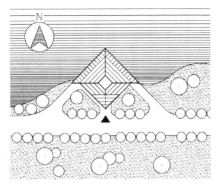
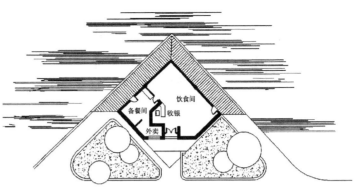

（2）剖面

确定合理的竖向高度尺寸，主要是确定餐饮店层高，室内外高差，体型宽高尺寸，屋面形式与尺寸及立面轮廓尺寸等。确定建筑的结构和构造形式、做法和尺寸等。通过剖面对探入水面部分的处理和利用（图3-23）。

（3）形体

在初步方案的基础上，对餐饮店的立面的轮廓、尺度、各部分的比例关系、虚实关系、材质色彩等方面进行详细的处理和研究，来充分体现所追求的立面意图和效果（图3-24）。

3.6.4 完善方案

（1）方案的调整

此时的方案无论是在功能布局、立面形体和空间结构上基本上满足设计要求，所以对它的调整应控制在适度的范围内，只限于对个别问题进行局部的修改与补充，力求不影响或改变原有方案的整体布局和基本构思，并能进一步提升方案已有的优势水平。

（2）方案的深入

调整后的方案还需要一个从粗略到细致刻画、从模糊到明确落实、从概念到具体量化的进一步深化的过程。

图3-21 总平面图（左）
图3-22 平面图（右）

图3-23 剖面图（左）
图3-24 立面图（右）

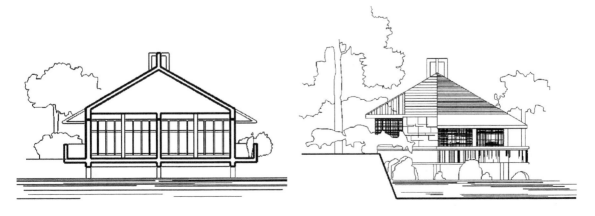

首先是放大图纸比例关系，对于餐饮店这样的小设计可以放大到 1：50 甚至 1：30。在此比例上，首先应明确并量化其相关体系、构件的位置、形状、大小及其相互关系，包括结构形式、建筑轴线尺寸、建筑内外高度、墙及柱宽度、屋顶结构及构造形式、门窗位置及大小、室内外高差、家具的布置与尺寸、台阶踏步、道路宽度以及室外平台大小等具体内容，并将其准确无误地反映到平、立、剖及总图中来。

其次是统计并核对方案设计的技术经济指标，如建筑面积、容积率、绿化率等等，如果发现指标不符合规定要求须对方案进行相应调整。

第三是分别对平、立、剖及总图进行更为深入细致的推敲刻画。具体内容应包括总图设计中的室外铺地、绿化组织、室外小品与陈设，平面设计中的家具造型、室内陈设与室内铺地，立面图设计中的墙面、门窗的划分形式、材料质感及色彩光影等。

3.6.5　设计成果

总平面图、平面图、剖面图、立面图（略）。

透视图（图 3-25）。

图 3-25　透视图

复习思考题

1. 建筑方案设计的特点、方法、步骤。

2. 小建筑设计

设计名称：某城市公交站调度室

设计要求：拟定在某城市公交始发站建设小型调度室，要求其功能布局合理，立面造型小巧别致，地形条件详见下图。

设计内容：建筑面积 $50m^2$，面积上下浮动 $5m^2$，设计内容包括调度间、休息室、卫生间。

设计成果：总平面图 1：100，平面图 1：50，立面图 1：50，剖面图 1：50，透视图。

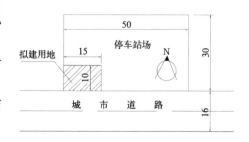

4

教学单元4　建筑空间

教学目标

通过对本单元的学习,初步掌握建筑空间的概念,空间的属性及空间的组合;掌握建筑外部环境的概念,了解建筑环境的组成及对环境的评价;掌握建筑测绘的基本知识和技能,了解测绘工具、测绘方法原则、测绘图纸的绘制;了解建筑模型种类、制作材料、常用工具及制作方法。会做建筑测绘,会做建筑模型。

创造一个可以躲避风雨和野兽侵袭的空间是人类建造建筑的最初目的,随着人类社会的不断发展和进步,建筑的形式发生了翻天覆地的变化,建筑的类型越来越丰富,建筑的技术越来越高超,但是无论古代的宫殿,还是现代的学校、住宅、车站、码头、体育、办公、金融贸易建筑,人类之所以耗费大量的人力物力从事建筑活动,就是要为人们提供生活、学习、工作、活动的空间,创造质量越来越高的人造空间环境,使人们的生活更加舒适方便。也就是说,建筑空间是建造建筑的最根本目的,这一点从古至今从未改变过。无论古代的建筑还是现代的建筑目的都是一致。

4.1 建筑内部空间

4.1.1 空间的概念

广义的空间指运动着的物质的存在形式,是物体的广延性、伸张性,具有三维特性,即任何物体在长、宽、高三个方面都有一定的尺度,所以物质世界的每一个具体事物都是有限的。但对于整个物质世界、广袤无垠的宇宙在长宽高三个方向上都是无限的,可以说至大无外、至小无内。空间是有限的又是无限的,是有限性与无限性的辩证统一。

4.1.2 建筑空间的概念

建筑空间是无限空间的重要组成部分,也是无限性与有限性的辩证统一。在我国古代就有关于空间〝有〞、〝无〞的论述。在老子中有:〝三十辐共一毂,当其无有车之用;土延埴以为器,当其无有器之用;凿户牖以为室,当其无有室之用。故有之以为利,无之以为用〞。阐述了建筑空间的〝有〞和〝无〞也即有限性和无限性的辨证关系。有〝有〞无〝无〞无用,有〝有〞有〝无〞有用,〝有〞和〝无〞正是人们在建造建筑时必须解决的实体与空间的问题。因为,建筑空间的创造才是建筑的根本目的。

接触建筑空间会使人产生一定的印象。人们在欣赏建筑时,首先看到的是建筑外部的形象,如:大小、形状、材料、色彩等实体的内容,也即〝有〞。而建筑空间是在实体的包裹之下,是非物质性的、虚无的,我们不可能直接看到空间,也即〝无〞,但是我们可以通过围合空间的实体感受到空间的存在及空间给人不同的感受。对于尺度高大的建筑空间使人产生开阔、敞亮、宏大等

图 4-1 范斯沃斯住宅
的 开 敞 空 间
（左）
图 4-2 古埃及神庙封
闭幽暗的空间
（右）

感受，对于尺度较小的建筑空间会使人产生狭窄、幽暗、矮小、压抑等感受。根据实体对空间的围合程度，人们可以感受到空间的开敞和封闭、压抑等不同特征（图 4-1、图 4-2）。

4.1.3 建筑空间的限定

　　建筑之所以能够建成是人们充分考虑了建筑的实体与建筑空间的协调统一。人们建造建筑的主要目的是获得适用的使用空间，我们使用建筑虽然只使用它的空间部分，实体只是空间的外壳，但是没有实体围合的建筑空间是不存在的，因而，在创造建筑空间的同时要充分考虑与建筑实体的结合问题，二者是建筑中矛盾的两个方面，是互为前提、条件的，是不可分割的统一体。

　　建筑中空间的限定由实体要素来完成，人们对空间的感知也是通过围合空间的实体而间接得到的。

　　（1）空间的水平限定

　　顶棚和地面对空间的限定，形式的不同也会形成不同的空间效果。建筑的顶棚不仅能遮挡建筑物的内部空间，使人们免受风霜雨雪之苦，而且影响着建筑整体造型和建筑内部空间的形状。对于单层建筑或建筑顶层而言，顶棚也即建筑的屋顶，其形状要受到建造它的结构形式和材料等因素的影响，因为它往往远离人的触觉范围，主要以人的视觉感知为主，因此往往成为空间形式表现的重要因素。在建筑历史上有许多通过屋顶形状而加强建筑风格特征，通过建筑顶棚形状塑造建筑内部空间的艺术效果的建筑实例，如：在哥特建筑中（图 4-3）

图 4-3 哥特建筑轻灵、
飘逸的顶棚

顶棚的肋架拱，轻灵飘逸，毫无重量之感，加强了建筑向上升腾的动势；坡度很大的屋顶，及屋顶上一个个直插苍穹的尖塔，更加加强了建筑的飞升之感。在单一空间设计中，顶棚的处理较为复杂，也经常成为设计的重点，利用顶棚可以强调空间的形状、强调空间的主从关系，顶棚又是建筑设备附着的地方，顶棚有时会直接反映建筑的结构形式。地面作为底界面是空间的水平限定要素，地面的起伏、形状、色彩、材料、图案变化（图4-4）对丰富空间的变化有非常重要的意义。

图4-4 地面拼花丰富了空间的变化（左）

图4-5 建筑立面的韵律美（右）

（2）空间的垂直限定

通过墙、柱、屏风、栏杆等垂直构件的围合形成空间，各构件形式的不同、围合方式的不同，都会出现不同空间效果。墙作为空间的垂直限定要素，对人们的视线的遮挡起到了至关重要的作用，墙面上门窗的布置，直接影响到墙体对空间的围合的封闭程度以及与周围环境的联络程度。相对于实墙面而言，门窗是墙面上虚的部分，门窗的开口的组织，实质是在处理墙面的虚实关系，虚实关系处理的如何，是墙面处理的关键，要作到虚实相间，主从分明。墙面虚实关系处理得好，还可以产生韵律美的效果（图4-5）。

有时墙面的处理还要做全局的考虑，把门窗洞口的划分纳入到墙面的整体划分中去，形成整体感、秩序性。墙面的质感与色彩对空间的性格形成也会产生一定的影响作用。在建筑中柱子对空间的限定作用是非常明显的。柱子在建筑中主要的作用是结构受力方面的需要，因而第一位是安全合理，对于柱子对空间的限定与墙面对空间的限定是有很大区别的，墙面是靠完全遮挡人的视线形成对空间的围合，而柱廊是依靠其位置关系使人产生视觉张力，形成一种虚拟的空间界面，既限定了空间，又保持了视觉及空间的连续性。如果将墙面看成为实界面，而由柱子形成的界面就是虚界面。柱子有单独使用的，也有形成柱廊的，无论哪一种，都可以起到限定空间的作用。例如：中国古建筑中柱廊的使用（图4-6），很好地划定了内部空间和外部空间的界限。再如：圣马可广场（图4-7）次广场靠海一侧的两根柱子，很好地画出广场的边缘以及与亚得里亚海的界限。

图 4-6 柱廊对空间的
分割（左）
图 4-7 柱子分割空间
（右）

4.1.4 建筑空间的属性

创造出具有内部空间的建筑是大多数建筑的目的，对于一个空间来讲，空间的形状、比例、尺度、围合程度是空间的基本属性，这些基本属性对单一空间的品质有重要的影响作用。

（1）空间的形状

形状不同的空间往往给人不同的心理感受。建筑空间的形状如何往往根据使用功能和人的精神要求来决定的。

单一空间形状主要是由空间的使用功能来决定的。因而根据使用功能合理地选用空间形状是建筑设计中的基本任务之一。由于平面形状决定着空间的长宽两个方向的情况，因此建筑设计中空间形状的确定往往从平面的设计开始。平面设计中要充分考虑空间中人的活动及家具、设备的布置情况。矩形是建筑平面形状使用率最高的形状，圆形、椭圆形、多边形等不规则形状（图 4-8）多用于特定情况的平面设计中。建筑中空间的剖面形状大都也为矩形。

（2）空间的比例和尺度

空间的比例和尺度是欣赏者对空间量度的把握。比例是空间各构成要素之间的数量关系，而尺度是各空间要素与人体之间的数量关系。在视觉上人们对建筑空间进行量度时，总是有一个熟悉的参照物进行对比，并把它作为量度的标准。建筑中有许多构件是以人体尺度为参照物的，如：楼梯踏步的高度和宽度，门的大小，窗台的高度等。用人体尺度来量度建筑的大小，并满足人体的生理尺寸要求，我们可以把这些尺度称为实用性尺度。除有实用性尺度之外建筑中还有感受性尺度的存在，空间中建筑构件之间的尺度比较，给人的心理感受既称为感受性尺度。

图 4-8 建筑平面形状

人们在形状相同的空间中，由于比例和尺度发生变化所带来的视觉感受是不同的。建筑中大体包含着以下几种不同比例和尺度的空间类型：

1）亲和空间：接近人体尺度的矮小空间，有一种亲切、宁静、安全感。

2）高敞空间：空间窄高，有强烈的上升感。

3）轴向空间：空间窄长，有强烈的前进感。

4）开阔空间：空间大而低，有压抑之感。

5）巨型空间：空间大而高，远远超出人体的尺度，有自我渺小的感觉。

通常情况下，空间的大小主要是由使用功能决定的，不同用途的空间，都有相应的大小和高度，但对于特殊类型的建筑，为创造特别的氛围，空间尺度往往要大大超过使用功能的要求，如：陵墓建筑、纪念性建筑。

（3）空间的围合程度

建筑空间是由实体的围合而限定出来的，由墙、柱、顶棚、地面等实体要素限定的空间，其围合程度是不一样的，有高低或强弱的不同。空间的围合程度强，空间的独立性强、完整性强，也会有闭塞、秘密、沉闷的感觉；空间的围合程度弱，空间的独立性较差，但有助于空间的联系与流动，也会有开敞、开放的感觉。

在建筑空间中围合程度的强弱，并不代表着空间品质的优劣，围合强的空间并不等于空间质量好，围合程度弱的空间也并不一定空间质量差。空间是围还是透，关键是把握好度，根据不同空间使用功能要求，围透适宜。

4.1.5　建筑空间的组合

依照什么样的方式把单一的空间组织起来，成为一栋完整的建筑，是建筑中的核心问题，决定这种组织方式的重要依据，是人在建筑中的活动，按照人的活动要求，可以对不同的空间属性划分如下：

流通空间和滞留空间；

公共空间和私密空间；

主导空间与从属空间。

空间的组织形式可分为以下几种关系：

（1）并列关系（图4—9）

各个空间的功能相同或近似，彼此没有直接的依存关系。例如教学楼中教室、宾馆建筑中的客房、办公建筑中办公室等，通常采用并列形式布置。

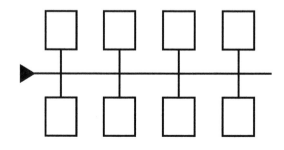

图4-9　空间并列关系图

（2）主从关系（图4—10）

各空间在功能上既相互依存又有明显的从属关系。例如住宅建筑中起居室与其他空间的关系、剧场建筑中观演大厅与其他空间的关系可采用主从形式布置。从属空间形成众星环绕在主导空间周边的布置形式。

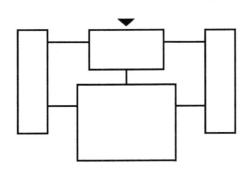

图4—10 空间主从关系图

（3）序列关系（图4—11）

各个空间有使用的时间顺序。例如：车站、展览或纪念性建筑，常采用空间的序列组织形式。各个空间的排列按使用的先后顺序依次展开。

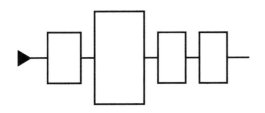

图4—11 空间序列关系图

（4）综合关系（图4—12）

在空间形式复杂的建筑中，常有以一种形式为主，同时兼有其他形式的存在。如住宅建筑中有以起居室为主的主从关系，兼有并列形式的多个卧室的组合。

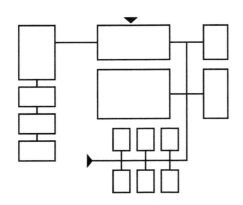

图4—12 空间组织综合关系图

上述几种关系的阐述，主要为帮助学生们对建筑中空间组织有一个基本的、理性的理解，掌握这些内容对建筑设计是有益的。但是这些认识不能代替建筑设计本身，因为建筑设计涉及的问题是众多的，需要认识和解决。

4.2　建筑外部环境

　　任何一座建筑都处于一个特定的环境之中。在人类的建筑活动中，必然受到环境因素的制约。同时新建筑必然要对环境形成一定的影响。建筑的目的是要为人们的生活创造各种各样的空间形式，多种多样生存的环境。因而，在这里建筑、人、环境应该被看作是一个不可分割的整体，脱离开人对环境的要求，改造建筑便失去了意义。

4.2.1　建筑外部环境的概念

　　环境的含义是指周围情况。既包括自然情况，也包括社会情况。在对环境的研究中，不同的领域有自己的概念界定和研究重点。随着人类社会的不断发展和进步，关于环境的研究范围越来越宽广，环境概念的内涵越来越丰富。

　　建筑学领域对环境研究的内容是：城市景观环境。城市景观环境包括自然环境和人工环境两大部分。自然环境：包括自然界中原有的地形、地貌、河流、山川、植被及一切生物所构成的地域空间；人工环境：人类改造自然而形成的城市、乡村、道路等人为的地域空间。自然环境和人工环境协调发展构成的城市景观环境，是城市内比较固定的物质存在物，与人们的日常生活息息相关。人们根据自己的喜好选择环境，也时时刻刻在改造环境，使各种环境更加适合人们的需求。

　　建筑外部环境是城市环境的有机组成部分。它是以建筑构筑空间的方式从人的周围环境中进一步界定而形成的空间意义上的环境。如：公园、广场、街道、绿地等，都是满足人们的某种日常行为而设置的建筑外部环境，整个城市环境就是一系列建筑外部环境的集合。在外部环境中，建筑往往扮演着重要的角色，但更重要的是，建筑是作为外部环境的有机组成部分而存在的。建筑的外部环境还包括硬地、水体、绿化等，它们和建筑物一道构成了建筑外部环境。

4.2.2　建筑外部环境的组成

　　在外部环境中，能够让人们感受到的每一个实体，都是环境的要素。这些环境要素作用与人们的感官，人们感知它、认识它，并透过其表现形式掌握环境的内涵，发现环境的特征和规律。

　　建筑内部空间的实体要素可以概括为三大类，顶面、墙面、基面。构成建筑外部空间环境的要素也可概括为三大类：基面、围护面、设施小品。基面要素按表面特征可分为硬质基面和柔性基面；围护要素用于围合空间或分隔空间，环境要素中的建筑、雕塑、围墙、廊架、绿篱、水幕等都属于围护要素的组成部分。在进行外部环境设计时，除了各种建筑要素，还有绿化、水体、景观等自然形态的构成要素。

（1）建筑

建筑外部环境是研究建筑周围、建筑与建筑之间以及空间中的各类物体共同形成的环境，因此，环境中建筑的形态、尺度以及它们之间组合方式的变化，直接关系到所构成的外部环境的质量和空间形态的基本特征，同时也为其他外部环境实体要素的设计提供了依据。

1）建筑与外部空间形态

建筑外部环境的空间形态非常复杂，具体情况多种多样，概括地看，可分为以下几种类型：

①由多个单体建筑围合而成的内院空间；

②空间包围单幢建筑而形成的开敞空间；

③由建筑平行展开形成的线形空间；

④建筑围合而成的面状空间；

⑤远离建筑，经过人工处理的，不同于自然的空间。

2）外部环境中建筑的作用

建筑以各种方式组织起来形成、定义外部空间。建筑在外部环境中的意义、作用是多方面的，概括有：围合要素、分隔要素、背景要素、主导景观、组织景观、充当景框、强化空间特征等。

3）建筑小品（图4-13）

在建筑外部环境中有些建筑物或构筑物，功能单一、尺度小，不足以对整个外部环境起到控制作用，但确是局部空间的焦点或在局部空间的分隔、划分上起着重要作用。如：凉亭、连廊、花架，这些要素在外部环境中有点类似于雕塑，但在外部环境的局部可以起到点景的作用，特别是连廊、花架在局部空间的处理中对划分空间、围合空间、引导人流、形成对景等方面起到重要的作用。

(a)　　　　　　　　　　　　(b)

图4-13　建筑中的廊架、景观

总之，在建筑外部环境设计中，建筑的形式、组合方式对外部环境的性质、空间形态、功能使用等方面，起着决定性的作用。建筑的外部环境也制约着每一个单体建筑的形成，这是每一个设计师都必须认真对待的。

（2）场地

场地的范围十分广泛，可以是指基地内全部内容所组成的整体。也可以是特指外部环境中硬质铺装的地面。场地是供人们聚集、停留的室外活动场所。

1）场地的分类

按照场地的规模、场地在城市中的作用可以将场地分为三大类：

①城市广场，广场位于城市的重要部位，是公众特定行为的集中场所，广场周围建有重要的公共建筑，城市广场是城市结构中的重要节点（图4-14）。

②城市街头小广场，小广场面积不大，往往是建筑后退出来的前庭，或为城市道路与建筑领域之间增设出来的必不可少的缓冲空间，它是人流的集散地、行人的休息地、附近居民的户外活动场地（图4-15）。

③建筑周边场地，在单体建筑周围的场地或庭院，相对独立，一般有围墙、绿篱等将其与外部空间分隔。

图4-14 城市广场

(a)

(b)

(a)

(b)

图4-15 城市小广场

2）场地的形态

场地的形态可分为：规则的形态和不规则的形态。

规则的场地是大型广场经常采用的形式，它的特点为：规整、秩序、庄严、崇高，设计时注意空间层次、形态的把握，避免空旷、单调、缺少人情味的情况。

不规则场地的形态很复杂，如：广场两边的建筑不平行，可使人产生错觉，将远景拉近或将近景推远。因而，不规则场地会带给人活跃、丰富、动感、魅力等感受，设计时要因地制宜避免琐碎、凌乱、无序的出现。

（3）道路

道路帮助人们从一个空间来到另一个空间。在现代城市环境中，各种干道、支路、内部道路组成空间过渡的交通网。下面探讨一下步行道路系统。

1）道路的容量

道路的宽度即道路的容量，主要取决于它所支撑的人流。

2）道路的形态

直线形是最理想的道路形式，它可以使行人快速、便捷地到达目的地。曲线形的道路使人的行走与环境更趋于自然和谐。在实际设计中直线形的道路与曲线形的道路经常相伴出现，适应不同的需要。

（4）水体

水面粼粼的波光给人带来无尽的遐想，水对所有的人都有不可抗拒的吸引力。自然之水是外部环境景观中难得的景色，因而设计时要很好地利用。人工的水，无论在形态、声音、动感等（图4-16）各个方面对外部环境的质量方面都有整体的提升效果。

（5）绿化

绿化是城市环境的重要组成部分，城市中独特的绿化效果更加强化了城市的特色。外部环境中大多数绿化是人工配置的，有的呈现自然形态，有的经

图4-16 广场的水景

过人工整理，都在环境中发挥着积极的作用，美化和丰富了生活空间，给环境增添了活力。

1）绿化的分类

城市绿化分为三大类：树木、花卉、草地。

2）绿化的作用

①改善环境质量。无论在挡风、遮阳、隔声还是降低热岛效应、补充清新的空气方面都有调整小气候的作用。

②塑造环境氛围。

③组织环境空间。利用密排的树木围成边界，分划出不同要求的空间，增加空间层次，创造先抑后扬的空间效果；利用列植的树木的方向感，引导视线并通过景框、夹景来衬托空间；利用树木的孤植或绿化雕塑创造视觉焦点、视觉中心，形成环境空间中的核心。

④柔化建筑界面。在外部环境中绿化与建筑巧妙结合使环境协调统一，一方面软化了建筑物僵硬的直线条，另一方面在形态、色彩和纹理上都和建筑物形成强烈的对比变化，使二者互相映衬，成为有机的整体。

（6）小品与设施

小品设施要素是建筑外部环境中重要的组成部分。它尺度小，贴近人们的生活，反映环境的实用性、观赏性和审美价值。小品设施一般位于外部环境中局部小空间的中心，对空间起到了点题和美化的作用（图4-17）。

图4-17　小品雕塑对环境的美化作用

4.2.3　建筑外部环境的设计与评价

建筑外部环境是由人创造的外部空间。是人们在对原有环境不满足的情况下，对环境的一种新的创造。在创造的过程中充分考虑由人的行为、习惯、性格、爱好对空间环境的选择。因此，建筑外部环境设计与评价要以人为本，从人的实际需求出发，同时必须充分地考虑建筑外部环境是主客观因素综合作用的结果。下面就主客观综合要素的几个主要方面加以阐述。

（1）整体

建筑外部环境的设计首先要从整体出发，这里的整体包括三个方面的意义：第一，每一个建筑外部环境的形成都要考虑基地内原有自然要素的制约作用，使自然要素和人工环境协调发展。第二，考虑与相邻的建筑外环境的协调关系。第三，考虑与城市空间环境的协调关系。

在建筑外部环境设计之前对基地进行深入的了解和考察。了解基地的位置、地形、地貌、植被等自然条件，还要了解周围已经形成的建筑、道路、设施等具体情况，所有这些因素都是设计的重要依据和出发点。在自然因素当中，地形、水体和植被对设计的影响最大。

对基地周边环境、已有建筑、道路和各类环境设施进行考察，使新的设计与原有的环境特征、人文景观协调发展。

就城市的整体来看，每一个新的建筑外部环境都在抒写城市环境的新篇章，因而，建筑外部环境的设计应当与城市整体风貌相一致，并具有超前性，成为城市外部环境的新亮点。

（2）功能

建筑外部环境是人工环境，应满足一定的功能要求，具有一定的目的性。建筑外部环境具有物质功能和精神功能的两个方面需求。

建筑外部环境设计时首先要确定具体的功能组成，然后就需要为所设定的功能寻求相对应的外部空间，主要包括确定不同功能区所需要的大小、形态、位置以及它们的组织方式。

（3）空间

建筑的外部环境空间的限定要素很多，如建筑、场地、绿化、水体，这些要素互相依存和谐共生，构成了一个有机的整体。每一个个体要素的形态表达了要素之间的相互关联，传达出更深的内涵。人们通过对实体要素的感觉来感知它，通过在其中的各种活动来体验和评价它。

（4）景观

景观是空间中的视点中心，是具有一定特征和表现力的设施。通过对景观的认识，人们能够加深对整个空间形态的理解。各类环境要素都能成为外部环境中的景观，例如：建筑、树木、雕塑、水景。

1）景观与空间

由于景观是空间中的视觉中心，因而当它居于空间中心位置时，易于使整个空间产生向心感，景观的控制范围较广；当景观居于空间的一端时，则给空间带来强烈的方向感。

2）视觉与景观

观察者和景观处于怎样的距离才能完整清晰的实现观察者的意图，这一方面与景观的尺度有关，另一方面与人的视觉生理特征关系密切。看清对象应有足够的视距、良好的视野，也要求景观与背景环境的差异性。

3）景观序列

景观的序列是随着空间的序列展开而展开的，并随着空间序列达到高潮而呈现出主要的景致。人在空间中不断的运动，各类环境要素也随之发生不断的变化，因而设计师应很好的处理近景、中景、远景的关系，处理好主景与其他景观的关系，使整个景观序列在整体的秩序感当中变化。

(5) 文化

建筑外部环境是时代发展的里程碑，反映了一个地区民族、时代、科技和文化的特征以及居民的生活方式、意识形态和价值观。

4.3 建筑测绘

4.3.1 建筑测绘训练任务

完成单体建筑测绘或建筑群平面测绘。

(1) 测绘训练目的

1）通过对建筑的测量及图纸的绘制，加强对建筑空间的认识与理解。

2）进一步训练实际建筑与建筑图的关系概念，训练空间想象力。

3）强化建筑绘图的技能及建筑图的表达方法。

(2) 测绘训练要求

1）测绘训练内容

①建筑平面图；②建筑立面图（两个以上）；

③建筑剖面图；④透视图。

2）版面设计

①将上述图样经过版面设计，组织在图面上。

②标题字醒目、美观，图面和谐。

3）水彩纸，墨线淡彩

(3) 测绘训练成果完成方法

1）绘制建筑物的平、立、剖面图测绘草稿。

2）实测，标注尺寸。

3）绘制测绘图纸。

(4) 测绘图纸规格：420mm×594mm

(5) 测绘训练时间：8学时（课后8学时）

(6) 测绘参考图（附后）

4.3.2 建筑测绘的概念

对已经存在的建筑物进行测量后，绘制出建筑物的有关图纸，这个过程就是测绘。测绘有着非常重要的意义，一是：建筑的设计施工图纸与竣工后的建筑空间在实际尺度上有较多的不同，为了使存入档案中的图纸与建筑物的实际情况相一致，建筑在竣工后有必要进行一次测绘。二是：古建筑的修缮、维护，特别是拆迁，都需要有建筑物完备的图纸，对古建筑的测量及有关图纸的绘制是非常非常重要的。三是：测绘可以锻炼策划能力，训练空间想象力，增强团队合作意识。

4.3.3 建筑测绘的工具

测绘工具根据测绘工作的不同阶段分为测量工具和绘图工具。

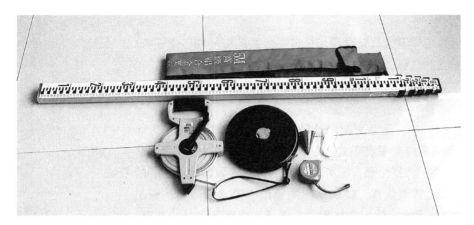

图4-18　测量工具

（1）测量工具（图4-18）

1）皮卷尺：在测量中广泛使用。规格有10、20、30、50m等。使用时注意温度、风力变化及使用不当产生的误差。

2）钢卷尺：在测量中广泛使用。规格有30、50m等。使用时误差较小，一般用于建筑的总长、宽或场地的测量。

3）小钢卷尺：测量较小的构件和建筑细部时广泛使用。规格有2、3、5m等。使用时将尺拉出盒外，可以方便地测量较小的尺寸和竖向高度。

4）塔尺：用于测量高度。规格有3、5m等。

（2）测量辅助工具与绘图工具

1）指北针：用来确定建筑物的具体方位。

2）垂球：用来定直。

3）小图板：固定图纸。

4）图纸：坐标纸、拷贝纸或硫酸纸。

5）笔：绘制草图时最好使用铅笔。准备几支有颜色的笔，以便在图纸上记录测得到的不同尺寸。

6）照相机：采集资料和信息作为对草图的补充。

7）其他工具：尺、夹子、分规、圆规、计算器、梯子等。

4.3.4 建筑测绘的方法原则

（1）测绘工作的组织与分工

测绘是一种团队性的工作，需要多个成员的配合，因而测绘前的组织工作是十分重要的。

1）建立测绘工作组。组织一个由3～5人组成的工作小组。

2）选出工作组的组长。负责工作的组织、测绘的进度及人员的分工。

3）收集资料。了解所测绘的建筑物，收集有关的资料和信息，掌握所测绘建筑的第一手材料。

4）制定任务书。根据完成图纸的深度要求，编制测绘任务书，将测量、图纸的绘制等环节具体化。

5）工作分工。组织工作组成员认真学习任务书，熟悉每一种工作任务，具体安排每一个成员的工作任务。

6）准备测绘工具。

（2）现场测量

1）现场测绘草图的绘制。测绘草图是绘制正式测绘图纸的依据，因而现场测绘草图的种类和内容应与最终正式图纸的内容相一致。对现场绘制草图的基本要求：一是准确，二是全面。因为草图中的错误会导致最终图纸的错误，所以，绘制草图时必须认真。绘制草图的原则：①比例适当。留出足够的位置用于尺寸和文字的标注。②比例关系正确。③线条清楚、准确。④小组成员将绘制的草图汇合在一起，检查是否准确、完整。⑤对所绘制的草图逐一编号。

2）测量。在草图齐全后开始测量。由两个人实测，由一个人读数，一个人记数。测量的注意事项：测量时，注意工具的使用，尽量避免误差；记数单位统一，使用厘米，尺寸保留到小数点后一位，可以采用舍 2 进 8 法；尺寸的标注要有秩序；避免重复测量和漏测。

（3）草图的整理与补测

现场工作完成后，将记录有尺寸数字的图样按照适当的比例整理成清晰准确的工作草图，作为正式图的底图。

在图样的整理过程中发现的问题要详细记录。对问题进行现场的补绘、补测。完善工作草图。

4.3.5　建筑测绘图纸的绘制

在工作草图的基础上，绘制正式的测绘图。

1）绘制的图样要符合国家的制图标准。

2）根据图样的数量、尺寸确定正式图纸的幅面与数量。注意构图。

3）图样应选择同样的比例绘制。

4）绘制图纸的手法应不拘一格，既科学严谨又具有艺术感染力。

4.3.6　建筑测绘注意事项

1）任务明确：根据教师扮演的甲方提出的测绘要求，确定测绘图的数量、测绘说明或测绘报告的内容要求等，编写训练任务书。

2）分工明确：训练工作小组每一个成员要有明确的工作职责，做好测绘前的准备工作。

3）草图不草：草图要求按比例绘制，留出标注测量尺寸的位置。

4）正确使用测绘工具：测绘中要求正确使用工具，避免误差的出现。

5）测绘图符合制图标准。

6）测绘报告内容详细。

4.3.7　建筑测绘训练参考图 （图4-19)

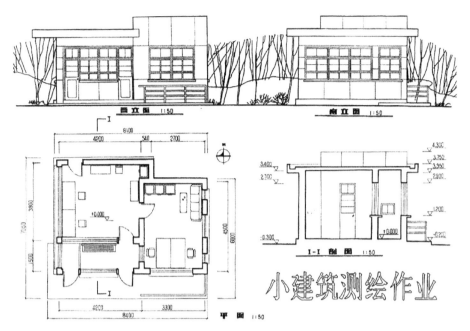

图4-19　小建筑测绘图

4.3.8　建筑测绘训练考核标准

表4-1

序号	考核项目	评分依据	评分范围	满分
1	测绘任务书	符合甲方要求，内容合理全面。	不符合扣分	10
2	测绘草图	符合测绘要求。	不正确扣分	10
3	测绘图	表达规范、正确。	不符合扣分	10
4	测绘成果	测量数据基本正确。	不正确扣分	10
5	版面设计	构图均衡，图面整洁。	不符合扣分	10
6	测绘报告	内容详细完整，文字表达好	不符合扣分	10
7	安全文明生产	无安全事故。	无不安全操作	10
8	工具使用和维护	规范使用工具，无损坏、无丢失。	实训中规范使用	5
9	功效	按计划完成任务。	按时间完成任务	10
10	工作态度	积极主动学习。	工作态度表现	5
11	在团队中的作用	良好的合作意识；积极配合；领导组织能力。	团队中起到作用	10
			合计	100

4.4　建筑模型

4.4.1　建筑模型训练任务

完成单体建筑模型的制作；完成建筑群形体组合模型的制作。

（1）模型训练目的

1）培养对建筑形体构成的认知能力。

2）培养对建筑几何形体及变形的感性认识和组合加工能力。

3）对模型材料的认识和加工能力。

（2）模型训练要求

1）运用基本几何体，进行具有建筑特点的组合。

2）可对形体进行简单加工变形。

3）可为单一形体的多个组合，也可为多种形体的组合。

4）成果：图示及模型。

（3）模型训练成果完成方法

1）绘制模型平、立、剖面图。

2）材料准备、预加工。

3）制作基座。

4）模型零件的粘接。

5）做配景，完成模型。

（4）模型基座规格：420mm×594mm

（5）模型训练时间：8学时（参考模型见附图）

4.4.2　建筑模型概述

建筑模型是建筑设计表达的手段之一，它将形式和内容有机地结合在一起，以其独特的形式向人们展示了建筑立体的视觉形象，是材料、工艺、色彩、设计理念的完美结合。今天在快速发展的建筑界备受青睐。建筑模型的制作也是建筑设计技术专业学生的必修课和基本功之一。

4.4.3　建筑模型的种类

建筑模型的种类很多，有着不同的规模、表现形式和用途。

按建筑模型的规模可分为：城市规划模型，区域规划模型，单体建筑模型，建筑内部空间模型。按表现形式和用途可分为：方案模型和展示模型。主要介绍方案模型和展示模型。

（1）方案模型

在方案模型（图4-20）中包括群体建筑模型和单体建筑模型。用于建筑设计的过程中，对场地的分析、推敲设计构思、论证方案等。这类模型一般只侧重于内容，对形式的表达要求不是很高。

（2）展示模型

展示模型（图4-21）中包括群体建筑模型和单体建

图4-20　方案模型

图4-21　展示模型

筑模型两大类。在设计完成后，将方案制作成模型。这类模型所使用的材料和制作工艺十分考究。主要用在展示建筑设计和建造的最终成果。

4.4.4 建筑模型的材料

模型材料主要有：主料、辅料、粘合剂等。

（1）模型的主料

制作模型的主要材料有三大类：纸材、木材和塑料类。

1）纸板类：是模型制作最基本、最简便、广泛采用的材料。纸板的种类很多，常用的厚度0.5～3mm，色彩丰富。材料的特点是：使用范围广，品种、规格、色彩多样，容易切割和折叠，加工方便，表现力强。这种材料物理特性较差，强度低，吸湿性强，受潮易变形。

2）ABS板：是一种新型材料，白色不透明，厚度0.5～5mm，是比较流行的手工及雕刻机加工建筑模型的主要材料。材料特点是：适用范围广，材质梃括、细腻，便于加工，着色及可塑性强。

3）有机玻璃板：有透明与不透明两种，厚度一般为1～3mm，色彩丰富，是理想的模型材料。材料特点是可塑性强，材质细腻、梃括，热加工后可以制作各种曲面造型。但这种材料易老化，制作工艺复杂。

4）木板材：亦称航模板，是由泡桐木经过化学处理而制成的板材。材料质地细腻，易于加工、造型和粘接，纹理清晰，自然表现力强。但吸湿性强，易变形。

5）泡沫：用泡沫制作建筑体块非常方便，一般用于方案的构思阶段。材料规格有：厚度30、50、80、100、200mm，平面1000mm×2000mm。制作时可以使用剪刀、钢锯或电热切割器进行切割，厚度不够可以用乳白胶粘贴加厚。优点是：易于加工，质轻，易保管，易于制作大型模型。缺点是：表面粗糙，不精致。

（2）模型的辅料

模型的辅料主要用于制作建筑模型主体之外的部分，如建筑细部，建筑配景。模型的辅料很多，无论在仿真程度还是实用价值其表现力更强。

1）金属材料：分为板、线、管材三大类，用于建筑特殊部位。

2）仿真草皮：用于模型中绿地的制作。材料质感好，色彩逼真，使用方便，仿真程度高。

3）草地粉：用于山地和树木的制作。材料为粉末状，色彩丰富，可适合多种场合的需要。

4）型材：将原材料加工成各种造型、尺寸的材料。常见的有：人物、汽车、树木、路灯、栅栏等。

（3）粘合剂

粘合剂在模型制作中具有非常重要的意义。通过粘合将已经加工好的零件组织在一起形成三维的建筑模型。不同的模型材料适合不同的粘合剂。

1）纸板类的粘合剂：乳白胶、胶水、喷胶、双面胶带。

2）塑料类的粘合剂：三氯甲烷、502 胶。

3）木材类的粘合剂：乳胶、4115 建筑胶。

4.4.5 建筑模型的工具

在建筑模型制作中一般都是手工和半手工完成的。使用的工具一般有：测绘工具，裁剪、切割、打磨工具，粘合工具等。选择什么样的材料和工具，是根据模型的类型、规模、深入程度等决定的。

（1）测绘工具

1）直尺、三角板：是绘图和制作的必备工具。

2）比例尺：是测量、换算图纸比例尺度的主要工具。

3）圆规、曲线尺、模板、曲线板：绘制曲线和各种造型、图案的工具。

（2）裁剪、切割、打磨工具

1）勾刀、壁纸刀、手术刀、剪刀、手锯、电动切割器、电脑雕刻机：是裁剪和切割类工具。在制作模型时，根据使用的材料不同进行选择。模型的材料是纸板、卡纸、APS 板、塑料类材料等，一般选择勾刀、壁纸刀、手术刀、剪刀等工具进行裁剪和切割；模型使用聚苯乙烯类材料时，就需要使用电动切割器进行切割。

2）砂纸、锉刀：是模型的打磨工具。砂纸有水砂纸和木砂纸的不同，根据沙粒目数分为多种规格。锉刀有多种形状和规格，常用的有板锉、三角锉、圆锉三大类。

4.4.6 建筑模型制作策划

建筑模型制作策划是在模型制作前对制作模型的全过程进行的整体构思。一般可以分为：建筑主体制作的策划和建筑配景制作的策划。

（1）建筑主体制作策划

建筑主体是建筑模型的主要组成部分，一般是由一个或多个单体建筑组成。在模型制作前要根据图纸，对主体进行设计。

1）获得全部图纸。在对建筑主体设计是要有关于建筑的全部图纸，包括建筑的总平面图。

2）模型的总体和局部。设计建筑模型主体时，最主要的是把握总体关系。根据设计的风格、造型，从总体上控制材料的选择、制作工艺及制作深度等。

（2）建筑配景制作的策划

建筑模型配景的策划是建筑模型制作步骤中一个重要的组成部分。

1）绿化制作设计：在对绿化设计前要对建筑主体有一个深入的了解，绿化围绕在建筑的周围，从形态到色彩要与主体协调。

2）其他配景的设计：水面、汽车、栅栏、路灯及建筑小品等建筑配景的设计要结合建筑主体、绿化的表现形式及建筑设计思路和表现意图进行。在从平面向立体转化的过程中，要准确把握配景的形态、体量、色彩等要素，准确地掌握与建筑主体、绿化的主次关系。

4.4.7 建筑模型制作方法

利用工具改变材料的形态，再通过粘接、组织出新的建筑形态，这就是模型的制作过程。这一过程包含着很多基本技法。

（1）纸板模型的制作

纸板模型所用的纸板分为：薄纸板和厚纸板两种。

1）薄纸板模型的制作方法：用薄纸板制作模型比较简便快捷，一般用于工作模型和方案模型的制作。制作步骤可大致分为：画线、剪裁、折叠、粘合等步骤。

2）厚纸板模型的制作方法：用厚纸板制作模型是比较流行的一种制作方法，一般用于展示类模型的制作。基本制作步骤可大致分为：选材、画线、剪裁或切割、粘合等步骤。

（2）有机玻璃板及 ABS 板模型的制作

有机玻璃板及 ABS 板都属于高分子聚合材料，具有强度高、韧性好等特点。制作模型的步骤可分为：选材、画线、切割、打磨、粘合、上色等步骤。

1）选材：有机玻璃板及 ABS 板规格不一，常用的厚度是 0.5～5mm。为便于后期制作一般选用白色。

2）画线：有两种方法，一是将建筑图样移置到板材上，代替手工画线；二是使用圆珠笔根据建筑图样在板材上重新绘制制作图样。

3）切割：首先进行墙体的切割，再进行门窗洞口的切割。使用的工具主要是壁纸刀、勾刀、手术刀等。切割时注意下刀要准确，力度均匀。

4）打磨：切割完毕，使用砂布或锉刀对切割部位进行耐心的打磨。

5）粘合：选择一块较大的板材作为工作台面。使用三氯甲烷或 502 胶遵循由下而上、由内而外的原则对模型进行粘接。使用 502 胶时最好两次完成，第一次进行点粘、定位；第二次将胶灌注入接缝，完成粘结。

6）上色：待粘合剂完全干燥后（三氯甲烷两小时、502 胶一小时），对模型进行打磨、修整后使用自喷漆进行上色。

关于建筑模型的制作从材料、工艺方法到完成后的效果都有很大的不同。根据建筑的风格、模型的作用等特点，恰当地选择材料、适当的制作深度、鲜明的色彩等，制作出的模型无论在设计的表达还是对创作思维的促进方面，都会起到很大的作用。

4.4.8 建筑模型制作注意事项

1）根据教师扮演的甲方要求制订工作任务计划书。

2）小组成员责任分工。

3）模型图纸要完整、准确。

4）制作模型前的策划。

5）对模型零件的打磨要全面、无遗漏。

6）注意胶的运用。

4.4.9　建筑模型参考图（图4-22 ~ 图4-28）

图 4-22　小建筑模型（1）

图 4-23　小建筑模型（2）（作者：刘鑫）

图 4-24 建筑学院教学主楼模型

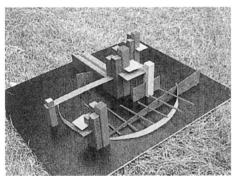

图 4-25 线面体组合建筑模型（一）

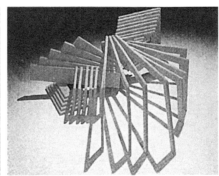

图 4-26 线面体组合建筑模型（二）

图 4-27 古亭木模型（一）（作者：孙宏伟 王显 丽 王胜超 姚亮 王雪 任科科 王海鹏 指导教师：马松雯 马龙）

图 4-28 古亭木模型（二）（作者：姜宏波 王 元东 赵兰 吴阳 黄家昕 李双赞 指 导教师：马松雯 马龙）

4.4.10 建筑模型制作考核标准

表4-2

序号	考核项目	评分依据	评分范围	满分
1	模型任务书	符合甲方要求，内容合理全面	不符合扣分	10
2	模型图	表达规范、正确，符合模型制作要求	不正确扣分	10
3	模型	模型制作精细、准确	不符合扣分	10
4	配景	构图均衡，组合巧妙、合理、具有创造性	不正确扣分	10
5	模型文字说明	内容详细完整，文字表达规范、正确	不符合扣分	10
6	安全文明生产	无安全事故	无不安全操作	10
7	工具使用和维护	规范使用工具，无损坏、无丢失	实训中规范使用	10
8	功效	按计划完成任务	按时间完成任务	10
9	工作态度	积极主动学习	工作态度表现	10
10	在团队中的作用	良好的合作意识；积极配合；领导组织能力	团队中起到作用	10
			合计	100

复习思考题

1. 建筑空间的概念。

2. 建筑空间的限定、属性、组合。

3. 建筑外部环境的组成。

4. 建筑测绘的方法原则。

5. 建筑模型的种类、材料及制作方法。

5

教学单元 5　训练参考图及作品欣赏

教学目标

通过对优秀作品的学习与临摹，更加有利于学生们的进步与快速成长，大量的基本功训练是掌握建筑设计表达技能的必由之路，学生们通过大量的课后训练，去熟悉和掌握建筑设计表达的基本技法；通过对优秀作品的欣赏、分析，可以了解建筑市场发展的最新动态及最前沿的设计表达语言。培养学生们作品的欣赏能力及艺术鉴赏力。

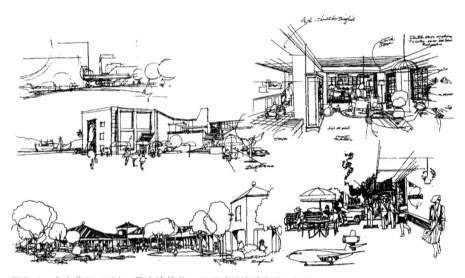

图 5-1　方案草图（引自：黎志涛编著．快速建筑设计方法入门）

图 5-2　建筑钢笔画（引自：黎志涛编著．快速建筑设计方法入门）

图 5-3 建筑钢笔画（作者：田兆丰）

图 5-4 建筑钢笔画（作者：田兆丰）

图 5-5 建筑钢笔画（作者：黄显亮）

图 5-6 钢笔建筑写生画一组（作者：黄显亮）

图 5-7 建筑钢笔画（作者：黄显亮）

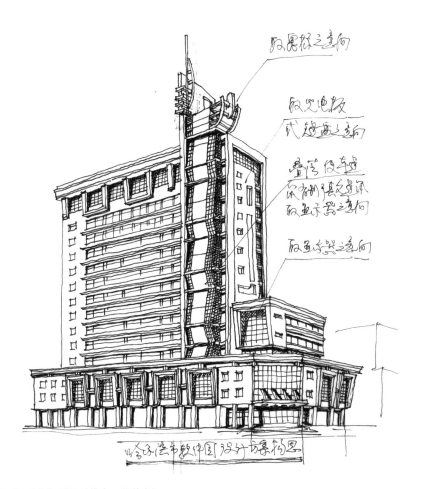

图 5-8 建筑钢笔画（作者：曹茂庆）

图 5-9　建筑钢笔画（作者：蔡惠芳）

图 5-10　建筑钢笔画（作者：李庆江）

图 5-11 建筑钢笔画（作者：蔡惠芳）

图 5-12 建筑钢笔画（作者：蔡惠芳）

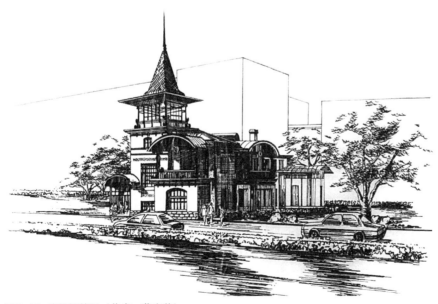

图 5-13 建筑钢笔画（作者：蔡惠芳）

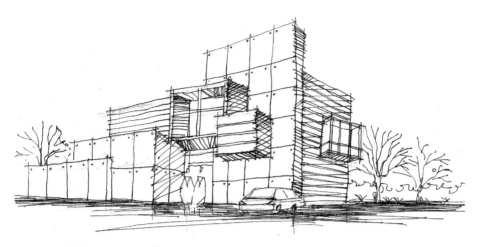

图 5-14 建筑钢笔画（作者：蔡惠芳）

图 5-15 建筑钢笔画（作者：蔡惠芳）

图 5-16 建筑钢笔画（作者：蔡惠芳）

图 5-17　建筑钢笔画（作者：蔡惠芳）

图 5-18　建筑钢笔画（作者：蔡惠芳）

图 5-19　建筑钢笔画（作者：蔡惠芳）

图 5-20 建筑钢笔画（作者：蔡惠芳）

图 5-21 建筑钢笔画（作者：蔡惠芳）

图 5-22 建筑钢笔画
（作者：蔡惠
芳）

图 5-23 建筑钢笔画
（作者：蔡惠
芳）

图 5-24 建筑钢笔画
（作者：蔡惠
芳）

图 5-25　建筑钢笔画（作者：蔡惠芳）

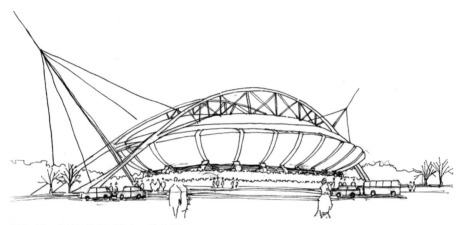

图 5-26　建筑钢笔画（作者：蔡惠芳）

图 5-27　建筑钢笔画（作者：蔡惠芳）

·172　建筑初步（第二版）

图 5-25　建筑钢笔画（作者：蔡惠芳）

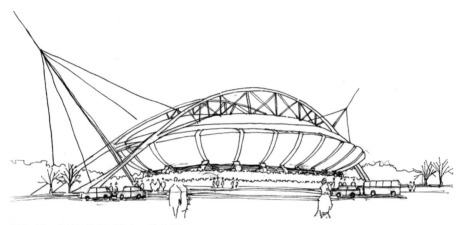

图 5-26　建筑钢笔画（作者：蔡惠芳）

图 5-27　建筑钢笔画（作者：蔡惠芳）

图 5-28 马克笔单色建筑画（作者：蔡惠芳）

图 5-29 马克笔单色建筑画（作者：蔡惠芳）

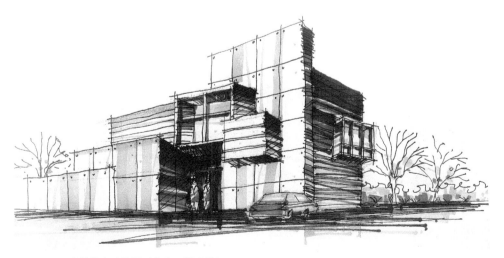

图 5-30 马克笔单色建筑画（作者：蔡惠芳）

图 5-31　马克笔单色建筑画（作者：蔡惠芳）

图 5-32　马克笔配景树一组（1）（作者：蔡惠芳）

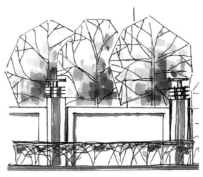

图 5-32 马克笔配景
树一组 (2)
（作者：蔡惠
芳）

图 5-32 马克笔配景树
一组（3）（作
者：蔡惠芳）

图 5-32 马克笔配景树
一组（4）（作
者：蔡惠芳）

图 5-32 马克笔配景树
一组（5）（作
者：蔡惠芳）

图 5-33 马克笔建筑
　　　　画（作者：
　　　　蔡惠芳）

图 5-34 马克笔建筑
　　　　画（作者：
　　　　蔡惠芳）

图 5-35 马克笔建筑
　　　　画（作者：
　　　　蔡惠芳）

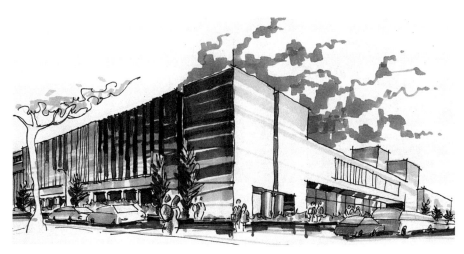

图 5-36　马克笔建筑画（作者：蔡惠芳）

图 5-37　马克笔建筑画（作者：蔡惠芳）

图 5-38　马克笔建筑画（作者：蔡惠芳）

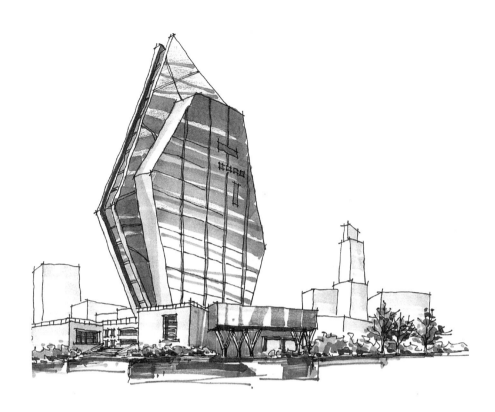

图 5-39 马克笔建筑画（作者：蔡惠芳）

图 5-40 马克笔建筑画（作者：蔡惠芳）

图 5-41 马克笔建筑
画（作者：
蔡惠芳）

图 5-42 马克笔建筑
画（作者：
蔡惠芳）

图 5-43 马克笔建筑
画（作者：
蔡惠芳）

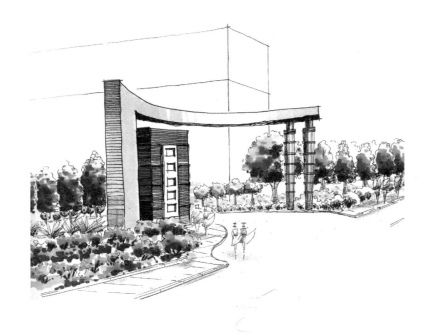

图 5-44 马克笔建筑
画（作者：
蔡惠芳）

图 5-45 马克笔建筑
画（作者：
何珊）

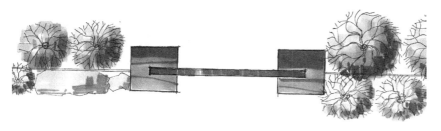

图 5-46 马克笔建筑
画（作者：
何珊）

图5-47 马克笔建筑画（作者：何珊）

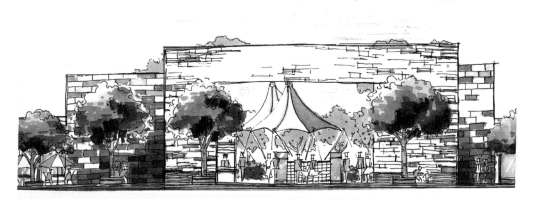

图5-48 马克笔建筑画（作者：何珊）

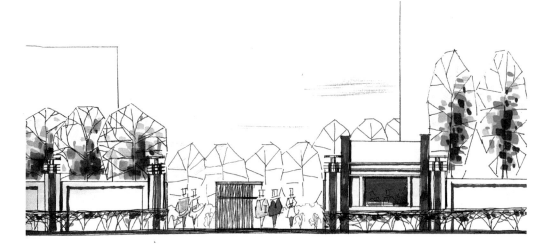

图5-49 马克笔建筑画（作者：何珊）

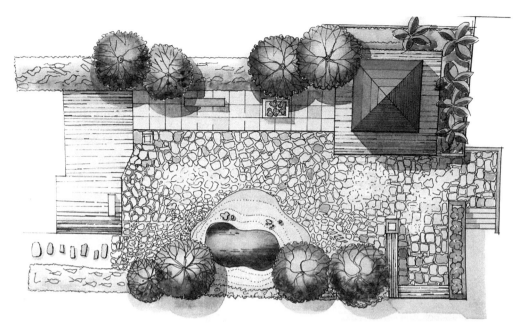

图 5-50 小区水彩渲染建筑画（作者：何珊）

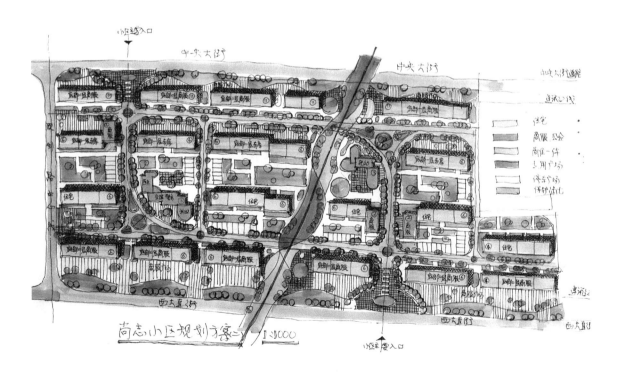

图 5-51 马克笔建筑画（作者：曹茂庆）

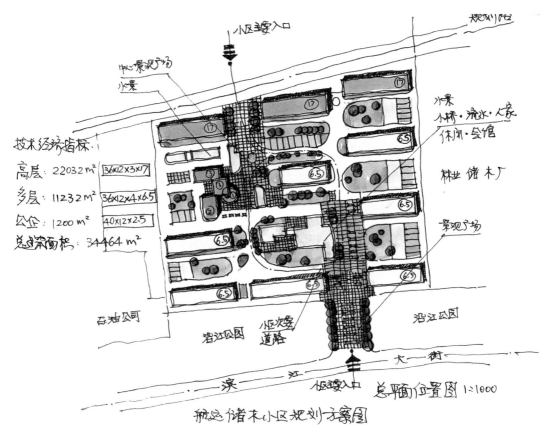

图 5-52 马克笔建筑画（作者：曹茂庆）

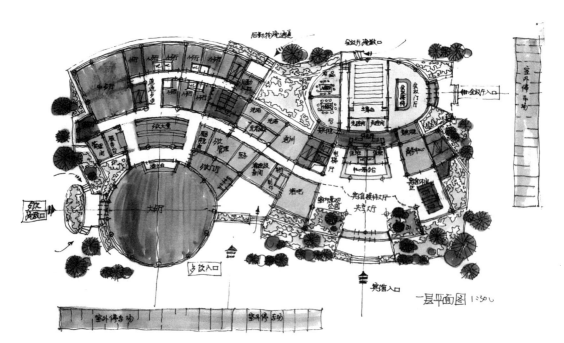

图 5-53 马克笔建筑画（作者：曹茂庆）

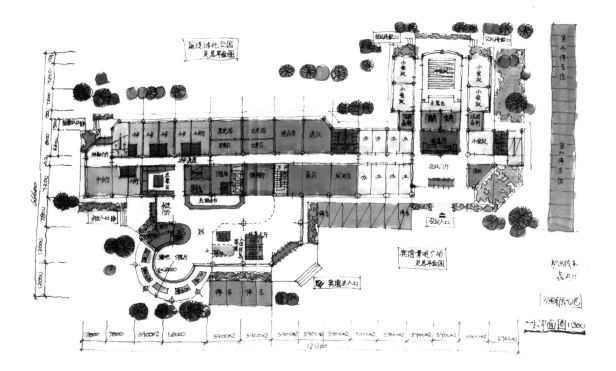

图 5-54　马克笔建筑画（作者：曹茂庆）

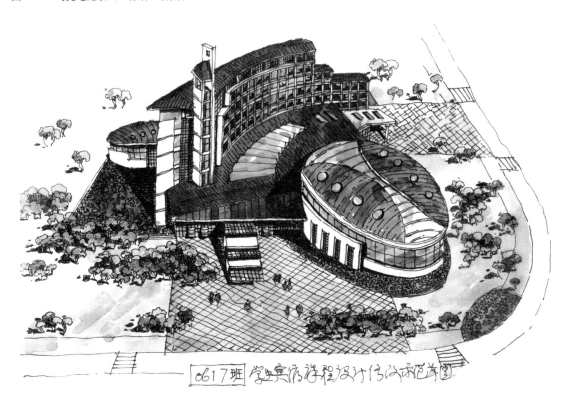

图 5-55　马克笔建筑画（作者：曹茂庆）

图 5-56　马克笔建筑画（作者：曹茂庆）

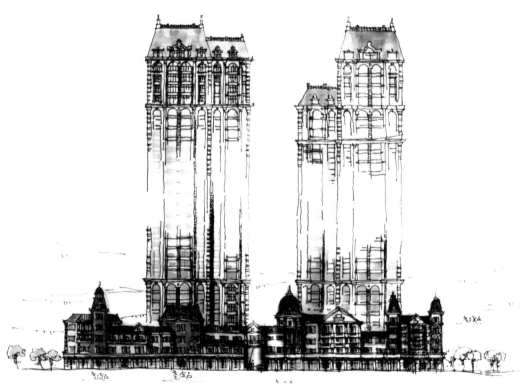

图 5-57　马克笔建筑画（作者：曹茂庆）

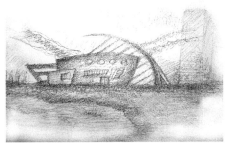

图 5-58　建筑设计方案（作者：何珊）

图 5-59　水彩建筑画（作者：关志敏）

图 5-60 水彩建筑画（作者：关志敏）

图 5-61 水彩建筑画（作者：关志敏）

图 5-62 水彩建筑画（作者：关志敏）

图 5-63 水彩建筑画（作者：关志敏）

图 5-64 水彩建筑画（作者：关志敏）

图 5-65 马克笔建筑画（一组）（作者：李庆江）

图 5-66　马克笔建筑画（二组）（作者：李庆江）

图 5-67　马克笔建筑画（作者：李庆江）

图 5-68 马克笔建筑画（作者：李庆江）

图 5-69 马克笔建筑画（作者：李庆江）

图 5-70 马克笔建筑
画（作者：
张帆）

图 5-71 马克笔建筑
画（作者：
张帆）

图 5-72 钢笔建筑画（作者：蔡惠芳）

图 5-73 马克笔建筑画（作者：蔡惠芳）

图 5-74 马克笔建筑画（作者：何珊）

图 5-75 马克笔建筑画（作者：何珊）

图 5-76 马克笔建筑画（作者：蔡惠芳）

图 5-77 水彩建筑画（作者：蔡惠芳）

图 5-78 水彩建筑画（作者：蔡惠芳）

图 5-79 马克笔建筑画（作者：白涛）

图 5-80 马克笔建筑画（作者：白涛）

图 5-81 马克笔建筑画 (作者：黄显亮)

图 5-82 水彩建筑画（引自：GORDON GRIC 王著·建筑表现艺术）

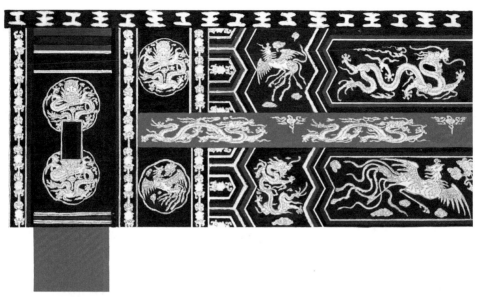

图 5-83　古建筑彩画（水粉画）（作者：程河　指导教师：蔡惠芳）

图 5-84　古建筑彩画（水粉画）（作者：杨金萍　指导教师：蔡惠芳）

图 5-85　古建筑彩画（水粉画）（作者：王阳　指导教师：蔡惠芳）

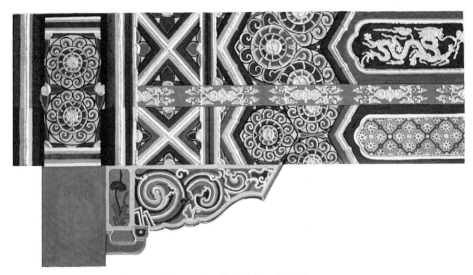

图 5-86　古建筑彩画（水粉画）（作者：金磊　指导教师：蔡惠芳）

图 5-87　古建筑天花彩画一组（水粉画）（作者：董素辉　贺杰韦　肖珊珊　刘强　赵玉龙
　　　　指导教师：蔡惠芳）

图 5-88 图书馆设计方案（作者：何珊）

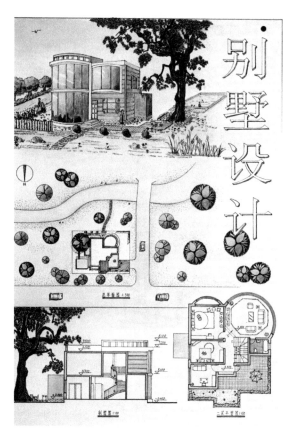

图 5-89 图纸版面设计（学生设计方案）（作者：张玲玲
　　　　指导教师：曹茂庆 董娉怡）

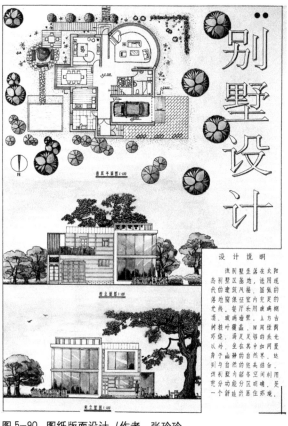

图 5-90 图纸版面设计（作者：张玲玲
　　　　指导教师：曹茂庆 董娉怡）

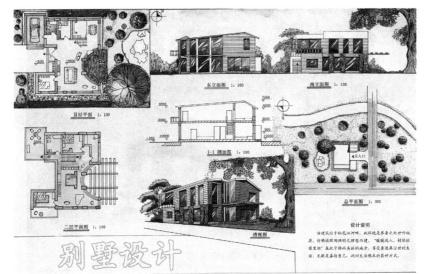

图 5-91 图纸版面设计（作者：李胜文 指导教师：曹茂庆 董娉怡）

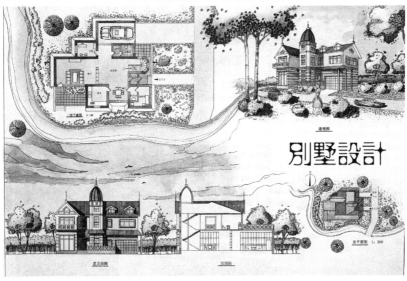

图 5-92 图纸版面设计（作者：寇海亮 指导教师：曹茂庆 董娉怡）

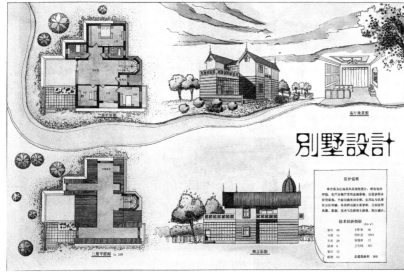

图 5-93 图纸版面设计（作者：寇海亮 指导教师：曹茂庆 董娉怡）

图5-94 图纸版面设计（作者：崔少华 指导教师：蔡惠芳）

图5-95 图纸版面设计（作者：吕志强 指导教师：马松雯 徐宏伟）

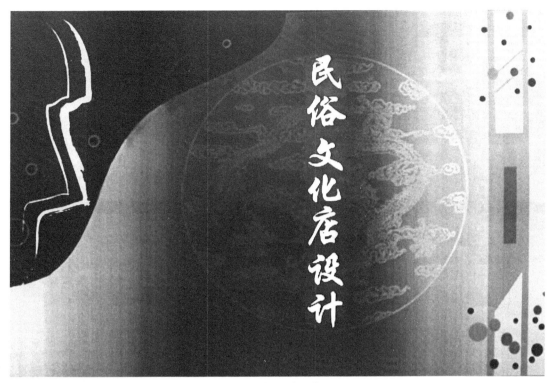

图 5-96　图纸版面设计（作者：吕志强　指导教师：马松雯　徐宏伟）

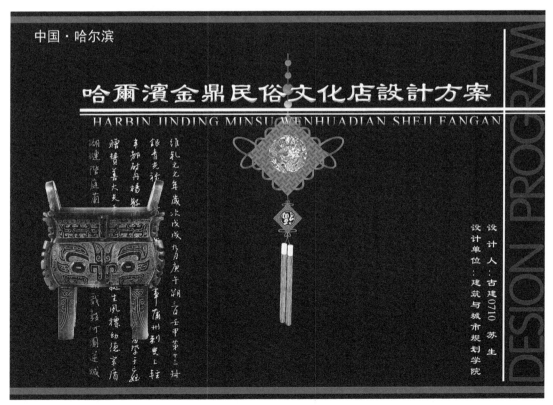

图 5-97　图纸版面设计（作者：吕志强　指导教师：马松雯　徐宏伟）

图 5-98 建筑模型一组（指导教师：刘万昱）

图 5-99 古亭木模型（作者：张继霞 指导教师：马松雯 马龙）

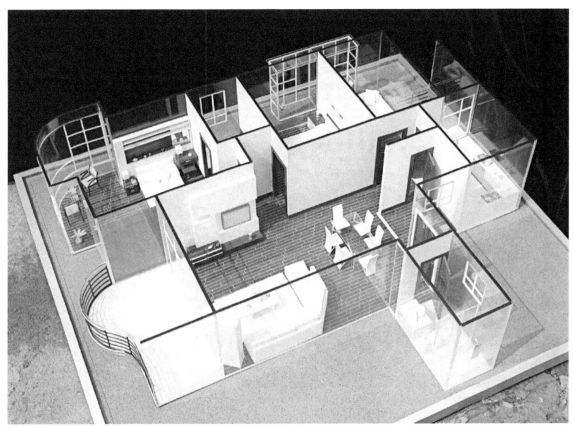

图 5-100　住宅单元模型

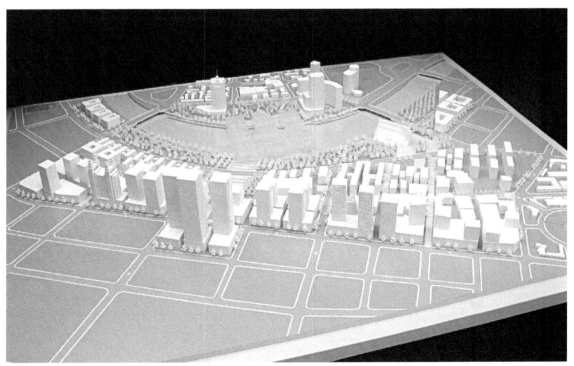

图 5-101　区域模型

图 5-102　单体建筑模型

参考文献

[1]　田学哲编著．建筑初步．北京：中国建筑工业出版社，2004．

[2]　周立军主编．建筑设计基础．哈尔滨：哈尔滨工业大学出版社，2003．

[3]　罗文媛主编．建筑设计初步．北京：清华大学出版社，2005．

[4]　童寯编著．新建筑与流派．北京：中国建筑工业出版社，1983．

[5]　俞梃，戎武杰，邓威著．草图中的建筑师世界．北京：机械工业出版社，2003．

[6]　张汉平，种付彬，沙沛著．设计与表达．北京：中国计划出版社，2004．

[7]　林源编著．古建筑测绘学．北京：中国建筑工业出版社，2003．

[8]　郎世奇编著．建筑模型设计与制作．北京：中国建筑工业出版社，2005．

[9]　潘谷西主编．中国建筑史．北京：中国建筑工业出版社，2004．

[10]　陈志华主编．外国建筑史．北京：中国建筑工业出版社，2004．

[11]　宋晓波，王晓芬编著．艺术设计造型基础．北京：化学工业出版社，2006．

[12]　白涛编著．新思维手绘表现．天津：天津大学出版社，2006．

[13]　黎志涛编著．建筑设计方法入门（高等院校建筑系学生辅导丛书）．北京：中国建筑工业出版社，2004．

[14]　黎志涛编著．快速建筑设计方法入门（高等院校建筑系学生辅导丛书）．北京：中国建筑工业出版社，2003．

[15]　黎志涛编著．快速建筑设计100例．南京：江苏科学技术出版社，2003．

[16]　罗小未主编．外国建筑历史图说．北京：中国建筑工业出版社，2004．

[17]　弗朗西斯主编．形式 空间 艺术．北京：中国建筑工业出版社，2004．

[18]　GORDON GRICE 编．建筑表现艺术．天津：天津大学出版社，1999．

[19]　王志伟，李亚利，苗立，司马璎珞编绘．园林环境艺术与小品表现图．天津：天津大学出版社，2005．

[20]　刘宇，马振龙编著．现代环境艺术表现技法教程．北京：中国计划出版社，2006．

[21]　陈新生著．手绘室内外设计效果图．合肥：安徽美术出版社，2006．

[22]　张举毅，徐磊编著．建筑画．太原：山西人民美术出版社，2005．